《室内设计师》编辑部 编

中国设计记录

中国建筑工业出版社

图书在版编目（CIP）数据

中国设计记录 1 /《室内设计师》编辑部编 . --
北京：中国建筑工业出版社，2016.2
ISBN 978-7-112-19059-1

Ⅰ . ①中… Ⅱ . ①室… Ⅲ . ①室内装饰设计—作品集—
中国—现代 Ⅳ . ① TU238

中国版本图书馆 CIP 数据核字 (2016) 第 024860 号

《室内设计师》于 2006 年创刊，系由中国建筑工业出版社出版发行的中国建筑与设计领域的顶级权威杂志。在近十年的发展中，以其敏锐的视角、深刻的洞见，立足本土、放眼世界。杂志关注优秀设计师的作品以及创作背景，洞悉国内外的当代建筑与室内设计趋势，见证并推动了中国当代建筑与室内设计的发展，成为一本对中国设计界具有影响力的杂志。

总 策 划　张惠珍　徐　纺
责任编辑　徐明怡　徐　纺
美术编辑　朱　涛

中国设计记录 1

《室内设计师》编辑部　编

*

中国建筑工业出版社出版、发行（北京西郊百万庄）
各地新华书店、建筑书店经销
深圳利丰雅高印刷有限公司制版、印刷

*

开本：965×1270毫米　1/16　印张：15　字数：475千字
2016年2月第一版　2016年2月第一次印刷
定价：138.00元
ISBN 978-7-112-19059-1
(28318)

CONTENTS 目录

PREFACE: ENJOY LEARNING
前言：学习的快乐

胡恒

当代中国建筑史中，2008 年的北京奥运会是一个关键点。短短十年间，无数巨构（比如“鸟巢”、“CCTV 大楼”）随着东来的“大师们”拔地而起，改变了城市景观与民众的建筑认知，更给予本土建筑师直接学习西方现代建筑的机会。进入“后奥运时代”（大师退场，巨构热情消散），本土建筑师们进入了新的学习阶段——反思现代主义，寻求原创之路。本书收纳的 26 个作品，是对这一新阶段的证明。

2008 年的北京奥运会之前，对于大多数当代的中国建筑师，现代主义与他们的关系，类似于斯拉沃热·齐泽克（Slavoj Žižek）在精神分析理论当中所阐述的，幻象框架中母性原质和主体之间的关系。主体（建筑师）依恋着它（现代主义），亲历过西方现代建筑教学的人（书中的建筑师大抵都是）尤其如此。但是，这一依恋仅只存在于幻想之中。因为现代主义和中国现实之间存在着一道本质的鸿沟，它们本就分属不同世界。不过，由于当下某些众所周知的原因，它们不可避免地发生交汇——幻想成为现实。但使得这一交汇得以实现的，不在于全球化趋势下中国和西方必然的能量交换，也不在于建筑师的教育经验在职业活动中的自然延伸。而在于，在当下中国，现代主义，被大他者（big Other，现实的符号秩序）吸纳为关键词——它与大他者的欲望模式（以北京奥运会、上海世博会为内核）相一致。换言之，现代主义被赋予合法性：它发挥着康德（Kant）所说的“先验图示”的作用，为本土的建筑师提供了一系列幻象框架。由此产生出来的建筑物，按照齐泽克的概念，那些“母性替代物”，满足了大他者的欲望，与此同时，（建筑师）主体获得快感。

这是“依恋之幻想”得到满足之后的快感。一开始，“幻象框架”中的“母性原质”多为柯布西耶、密斯、康、斯卡帕等老大师“偶像”。但随着其新代言人（一波波来华的世界精英们）的涌入，幻象框架发生改变。新、老大师多方连线，使得点状的“母性原质”编织成一具浓缩了现代主义百年历程的球体——一个知识的大世界。本土建筑师的每一次实践，都不再仅是向“偶像”致敬，而是在探求该“球体”的奥秘。因为，即便它们只是对该“知识世界”中的图像语言、视觉要素、局部手法的零星的重复再现，也都会触及到某种整体结构与内在逻辑。他们一遍遍地体验着这些结构、逻辑。从库哈斯到密斯，从西扎到柯布，逐条脉络慢慢显现，原本彼此独立的知识点前后联结，具有了历史性。那些“母性替代物”不再只是建筑师们献给“偶像”的祭品，它们表现出的是学习之后的理解：柯布、密斯为何重要？以及，库哈斯、西扎从何而来？

2008 年之后，该幻象框架迅速瓦解。最重要的原因是，大他者的欲望模式发生巨大变化。原有的内核（奥运会、世博会）已成过去，换上新的内容（汉唐风、乡村建设）。在此状况下，现代主义的合法性再无特别强调，甚至刻意淡化，正如我们所见的，其“新代言人”纷纷离场，风光不

1

1 / CCTV
雷姆·库哈斯、前合伙人奥雷·舍人（至2010年）以及合伙人大卫·希艾莱特，
摄影：伊万·巴恩

1
2 3

1 / 鸟巢
2 / 龙美术馆
3 / 垂直玻璃宅

再。对于本土建筑师们，现代主义不再具有先验图示的作用，现在又重回个人经验的怀抱。不过，虽然幻象框架不复存在，但学习仍在继续，并且上升到新的层次。对“知识大世界”的学习热情，遭遇到其“代言人”来去匆匆的尴尬状况，使得本土建筑师们开始反思该世界本身。结果是，在他们眼前，现代主义的整体结构有了新的面貌。一方面，它联结到另一个更大的系统上——整个西方建筑的传统；另一方面，先锋派作为现代主义的重要血脉，再显生机。

前者标志着本土建筑师对现代主义认识的逐渐深入：现代主义的的空间语言不再仅被认为是“新时代”的独创物，其源头可以回溯到古罗马。比如 2014 年完成的上海龙美术馆（柳亦春设计），它对屋顶思维的意识，使建筑顺利地脱离了图像的约束与符号的诱惑，直接进入到西方建筑的某一核心——屋顶作为确定空间秩序的首要元素的理念，产生于古罗马，在现代主义建筑师赖特、密斯、康等人的作品中多有继承，也被当代日本建筑师广为运用，最近才为中国年轻建筑师重视。这是一个相当罕见的具有“古罗马”味道的建筑。它表明，学习，有了新目标：摒弃对现代主义语汇的索求，在新的“知识大世界”中探讨更具生命力的深层秩序。

先锋派曾冠以“实验建筑”、“先锋建筑”之名，在当代中国语境中多番出现，颇引瞩目。相近 2008 年的几年中，它逐渐淡出大家的视野。显然，这个词（无论本意为何）与大他者的欲望模式有所冲突。2013 年完成的“垂直玻璃宅”（张永和设计）预示着先锋派的回归。当然，这是一个本意与先锋精神相距甚远的作品——它是对设计者的荣誉证明，还有华丽的大型艺术展作为背景支持——但它仍触及到了先锋派的思维领域：建造无用之物，凭其理念内核就可支撑起建筑的物质存在，表现出超越使用的价值。“垂直玻璃宅”中的精神力量能到什么程度尚不可知。但这是一个信号。它暗示了，大他者的欲望模式现在并不排斥先锋派实验：无论是对建筑语言的极限探讨，还是对虚无之力（批判性）的传达。一般而言，先锋派总是出现在时代的转折点与现实的裂口处。“垂直玻璃宅”的设计完成于 20 多年前，此时在上海西岸双年展上才显出真身，这无疑令人深思。

这两种学习都很艰难。体验“伟大”（古罗马）与感知“激进”（先锋派），其实都有悖于中国建筑师一贯谦逊、内敛的特质。他们大多秉持着优良的工匠式传统道德，擅长在规则内精炼技艺，传递自己的“美学”。所以，他们对现代主义的学习，大多最终会归于精良的“工艺美学”范畴。这也说明了“建构”理论在中国大行其道的原因。但是，正因为这样，学习“伟大”与“激进”才那么重要。这是真正进入现代主义内核的通道——建立规则，破坏规则，更新规则；也是进入建筑世界的通道——它不是一种精良的工艺美学，而是文化发展的证明，人性具有超越自己的能力的证明。

在 2008 年，我们曾经体验过某种“伟大”（比如“鸟巢”）与“激进”（比如 CCTV 大楼）。它们与建筑其实关系不大。现在，本土建筑师开始亲身实践这两种品质。这应该算是

1 2
3 4

1 / 南京万景园小教堂
2 / 水井街酒坊遗址博物馆
3 / 南京大学戊己庚楼改造
4 / 外滩三号 Mercato
意大利海岸餐厅

新一轮学习的最大成果——否定自己，迈进创造性的世界。

跨越2008年，学习，从弥补知识空白转到挑战自身的先天局限。显然，前者快乐，后者痛苦。不过，后者更有意义。它意味着，本土的建筑师们已经彻底摆脱了那具"幻象框架"，开始与西方同行同步思考，一齐探索建筑的终极秘密。

这是个长期的工作，要想抵达终点还为时过早。现在只能说，有那么几个建筑初显"追求"的苗头——比如龙美术馆的"现代罗马"、万景园小教堂（张雷设计）的"现代哥特"、垂直玻璃宅的"反密斯"。在这个漫长的准备阶段里，建筑师还有许多事情可以做。现在，有两块庞大的"训练场"摆在他们面前：一个是乡村，一个是改建。两者都有着先天的条件，便于他们操练演习。乡间野地的自然环境，既无意识形态负担，又能抹掉一切浮华之物，建筑师可专注于空间纯度的提炼与力度的锻造，沉思建筑的"伟大"之处。华黎最近几个乡野作品渐入佳境，显然已经从中获益匪浅。

改建则是先锋派聚集的传统领地。建筑一开始就留下的两对基础矛盾——内与外、新与旧——是先锋派热衷的对象。一旦他们对新建部分的设计达到某种超饱和状态，它会产生消解（旧）建筑本体的结果。这种不均衡的，扩大冲突的，带有破坏意味的做法，正是先锋派的拿手好戏。而且越界的程度，可由建筑师自行掌握，最后的效果都不会离谱。从来改建多佳作，原因就在这里。同年（2013年）完成的水井街酒坊遗址博物馆（刘家琨设计）与南京大学戊己庚楼改造（张雷设计），都为成功的改建项目，都在两组矛盾中取得了恰当的平衡。但是，如果他们往前再行一步（前者的素朴外墙，后者的纯白室内不那么"干净"的话），或许就会踏入先锋派的领域。另外，改建还是表现幽默感（戏谑、调侃／自我调侃）的好地方。这是先锋派的特质，在本土建筑师身上却极其少见。或许，这也是他们应该学习的东西。

改建还有一个特殊场地——室内设计。在上海这样的大都市里，它已经成为设计的"主战场"。一直以来（尤其在2008年之前），本土建筑师们多将其看作"修修补补"的小事，无法与建筑相比。现在，它像先锋派一样，成为建筑师学习的重要对象。他们已经发现，在那个"知识大世界"里，它是设计作为艺术的终极领域（一切幻象、母性原质、先验图示，甚至大他者都烟消云散）——看看文艺复兴时期的教堂、府邸、乡间别墅中的壁画、织毯、灰泥雕塑……当然，这一项学习也是巨大的挑战——那个世界（文艺复兴）与他们的距离，远远超过先锋派或古罗马。令人惊喜的是，在这一点上，2012年完成的外滩三号Mercato意大利海岸餐厅（如恩设计）迈出了关键的一步。

学习，仍在继续。弥补中的知识，刺激着人之属性的复苏。我们已经看到，伟大、激进、幽默感、意大利趣味，这些我们已相当陌生的人性之火在书中或隐或显地闪烁。它们是探索建筑终极秘密的力量源泉，也是这26个作品之间的联系。

1

改造

南京大学戊己庚楼改造

2013 深港城市 \ 建筑双年展场馆改造

源计划办公室

大溪老茶厂

叠屏

戊

ARCHITECTURE STUDIO IN THE WUJIGENG BUILDING, NANJING UNIVERSITY
南京大学戊己庚楼改造

位于南京大学鼓楼校区的戊己庚楼建于 20 世纪 30 年代，为民国金陵大学建筑群的一部分，如今是国家重点文物保护单位。戊己庚楼的建筑形式以中国北方官式建筑为基调，卷棚式屋顶，筒瓦屋面，外墙为青砖清水墙；建造方式则采用了当时西方先进的钢筋混凝土框架结构，与砖木结构相结合。戊己庚楼作为南京大学最重要的历史建筑之一，历经百年沧桑，为南京大学的象征和历代南大学子们的永恒记忆。

戊己庚楼在金陵大学时期为内廊式学生宿舍，新中国成立后简单装修为南京大学外文学院办公楼。新的使用功能要求戊己庚辛楼能够适应当代办公建筑对开敞式空间的需求，戊己庚楼原有空间模式已不再适用。

得益于在当时最先进的钢筋混凝土框架结构的建造技术，原有分割空间的隔墙为非承重的木隔墙。改造过程当中，部分木隔墙被拆除，形成开敞式办公（或研究室）空间；原有作为储藏空间的阁楼的吊顶也被拆除，形成开敞式展览和会议空间。改造后的空间利用率得到提高，通风、采光均有所改善。

经过了百年的岁月，戊己庚楼几经更迭，每代人均对它适当装修，以便使用。最近的一次装修在 20 世纪七八十年代，留下了那个年代鲜明的印记，如水磨石的地面、木楼梯扶手、木窗套等。为了保留年代的记忆，设计师做到了以最少的设计操作，去保留那些时间的痕迹，并发掘戊己庚楼本身的结构美学（如清水砖墙肌理和木屋架），使它们成为新空间的主要特质。

原建筑内的混凝土柱子、公共空间（原有内廊和楼梯间）的水磨石地面、木窗套均维持其最原始的面貌，成为开敞空间的主要表达元素。清水砖墙、混凝土梁和露明的混凝土楼板仅赋薄层白色涂料并保留原有肌理形成以白色基调为主的整体空间氛围。木窗套内再衬上黑色窗框的提拉窗，加强建筑的热工性能的同时，也强调了原有木质的老窗框，形成框景。

楼梯间保留水磨石地面以及木质栏杆，侧墙利用原有装修拆下的木条板，经打磨处理后二次利用，赋以薄层白色涂料，保留拼接留下的横向条纹肌理，通过透视效果指向尽头不施任何处理的清水老砖墙以及墙上的木质老窗。

顶层阁楼被拆除了原有的吊顶，隐藏背后的木屋架结构经简单清洗裸露在外，通过巧妙的灯光设计，在四周木格栅与木纹色地面的映衬下呈现出视觉的震撼力。

保留的原有元素，承载着时间的痕迹，通过设计的操作得以强化，以此融入新空间，成为新空间的焦点，如开敞式办公（或研究室）空间对内廊的柱子和水磨石地面，通过顶部密集的白色格栅得以强化；楼梯间的清水老砖墙和木窗，通过白色木条板拼缝肌理得以强化；阁楼开敞式展览和会议空间被裸露的木屋架，通过两侧的原木格栅得以强化。

现代建筑强调空间，而戊己庚楼作为古典建筑，完美的立面形式已成为南京大学的象征乃至南京的一张名片。改造在强调空间设计的同时，将戊己庚楼的时间特性融合其中，使其空间能够与古典的立面形式以对立统一的方式融汇于当代，散发出新的活力，并向外辐射自身的理念。

1

1 / 入口

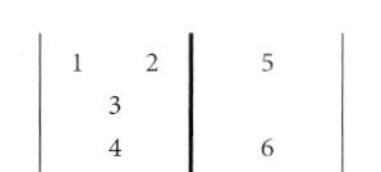

1, 2 / 楼梯
3 / 一层平面
4 / 二层平面
5 / 休息区
6 / 阁楼平面

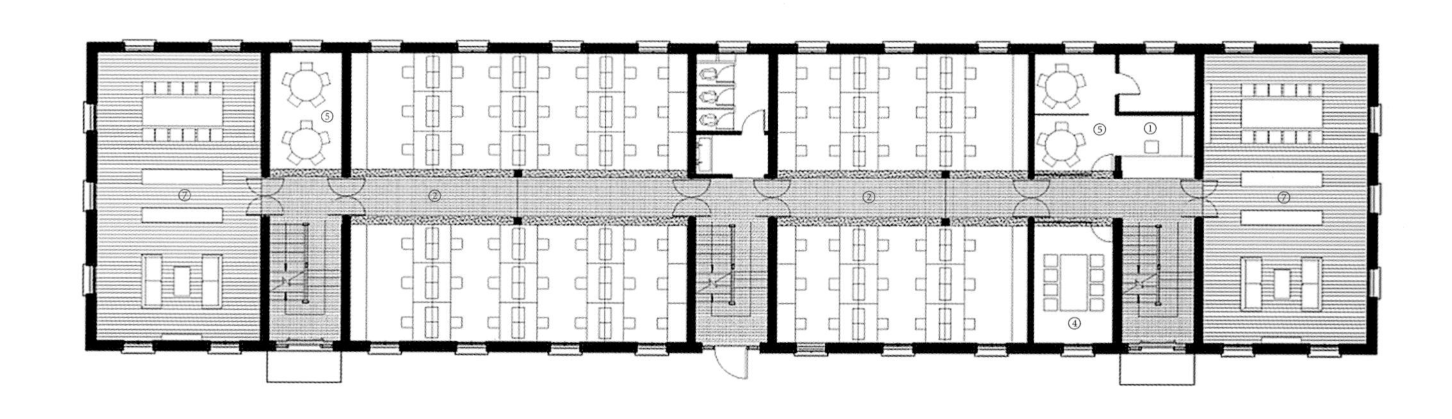

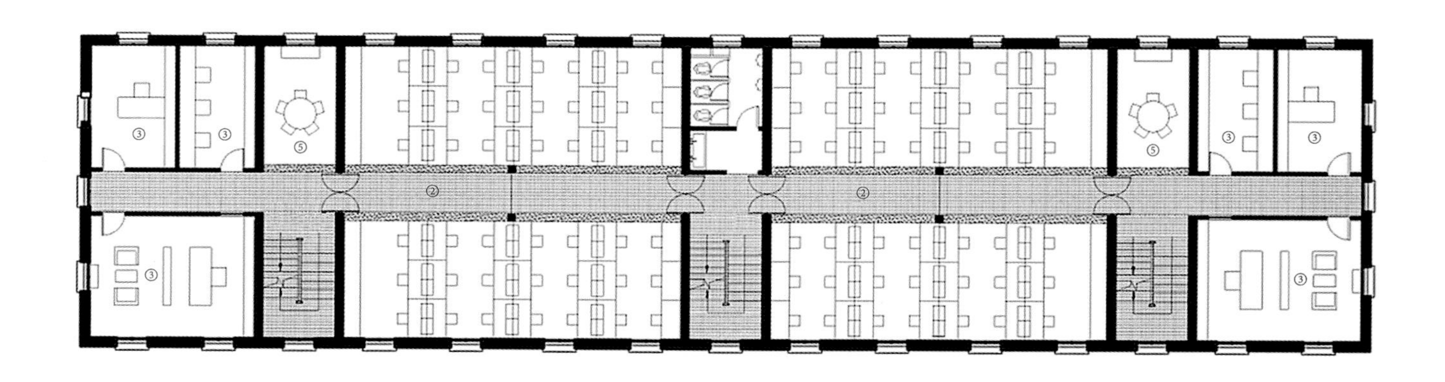

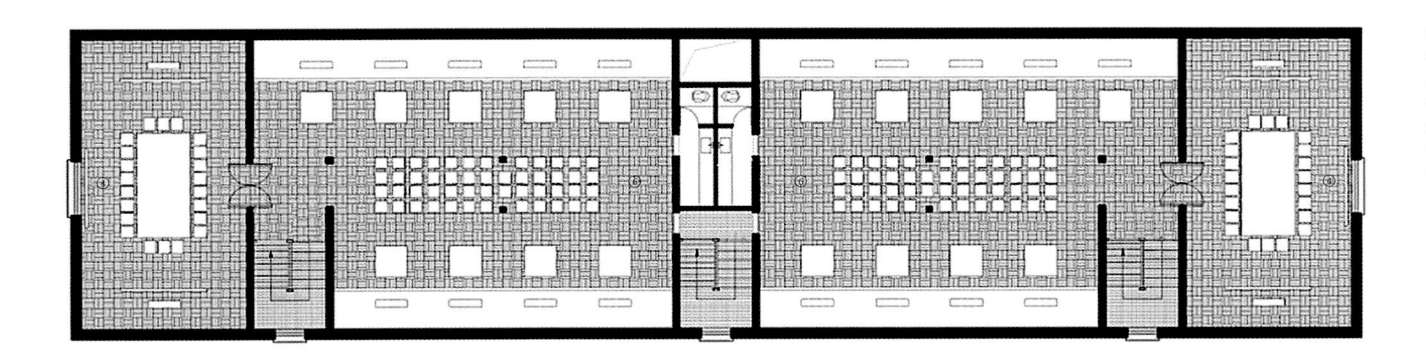

① 前台
② 建筑工作室
③ 办公空间
④ 会议室
⑤ 休息室
⑥ 展厅
⑦ 图书室

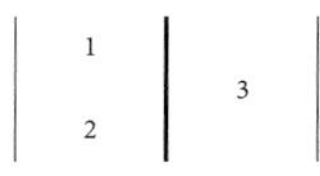

1, 3 / 工作室办公空间
2 / 楼梯将办公空间分隔开来

1 / 展厅
2 / 顶层会议室
3 / 小会议室
4 / 图书室

地点 / 江苏南京
面积 / 2000 m²
主创设计 / 戚威
设计团队 / 甲骨文空间设计 / 戚威、蒲伟、方运平
设计顾问 / 张雷
设计配合 / 张雷联合建筑事务所
设计时间 / 2013 年
竣工时间 / 2013 年
摄影 / 姚力

THE BI-CITY BIENNALE OF URBANISM \ ARCHITECTURE (UABB)

2013 深港城市 \ 建筑双年展场馆改造

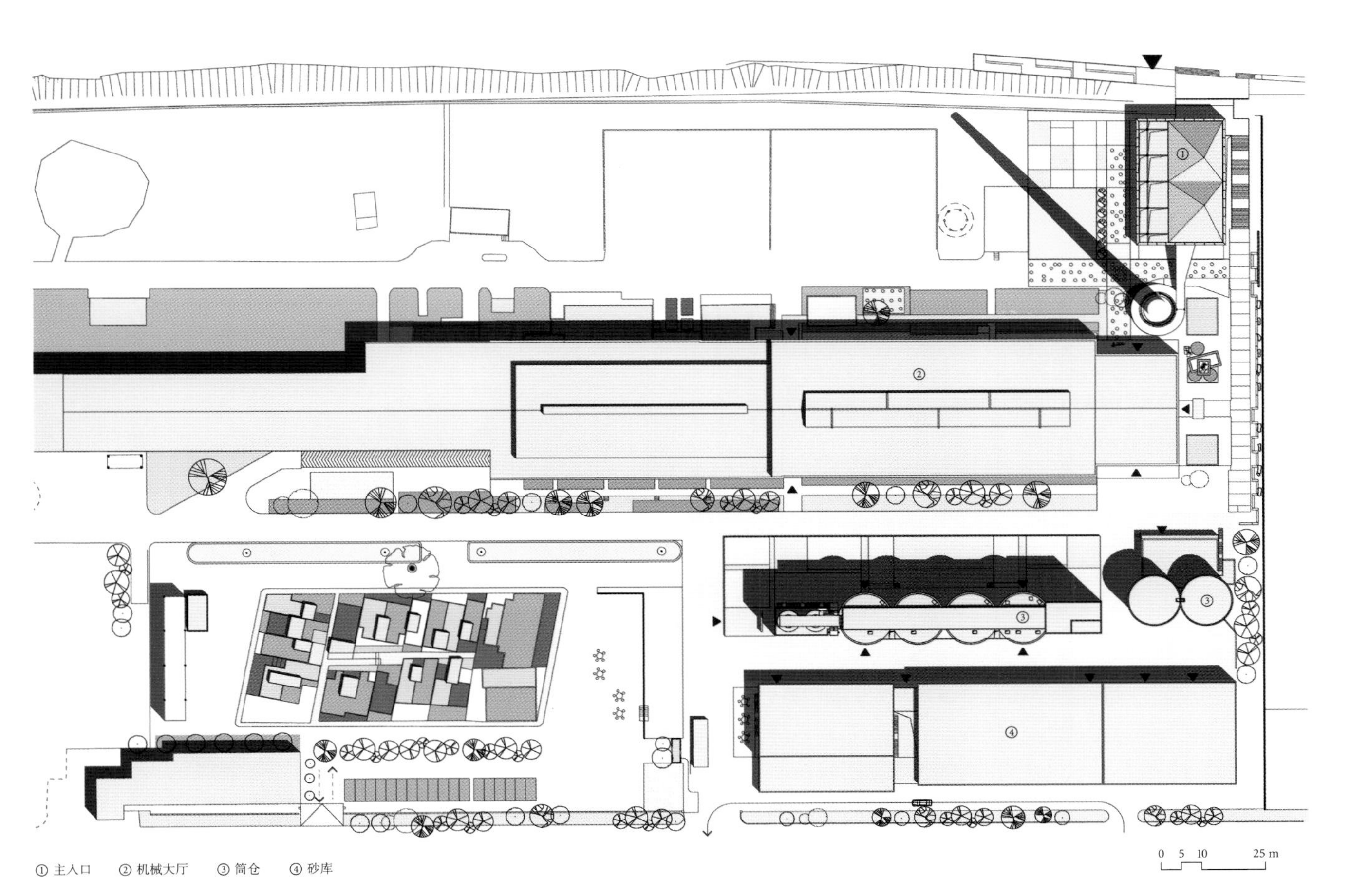

1 / 筒仓
2 / 厂区总平面

2013 年 12 月 6 日，2013 深港城市 \ 建筑双城双年展 (深圳) 在深圳市南山区蛇口工业区拉开帷幕。该双年展自 2005 年由深圳发起，2007 年起香港应邀加入，两个城市共同举办，至今已成功举办 4 届。第五届双城双年展 (深圳) 首次由两个策展团队——奥雷 · 伯曼 (Ole Bouman) 团队与李翔宁 + 杰夫里 · 约翰逊 (Jeffrey Johnson) 团队围绕展览主题“城市边缘”合作策展，这亦是深港双年展首次引入双策展人制度。展场共有 2 个，分别是 A 馆——价值工厂 (原广东浮法玻璃厂)，B 馆——文献库 (蛇口码头旧仓库)。

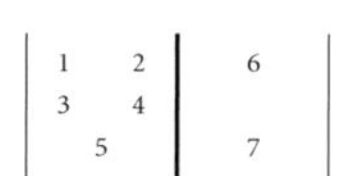

1 / 价值农场
2–4 / 开幕现场
5 / 玻璃厂展后功能分解图
6 / 草图
7 / 主入口

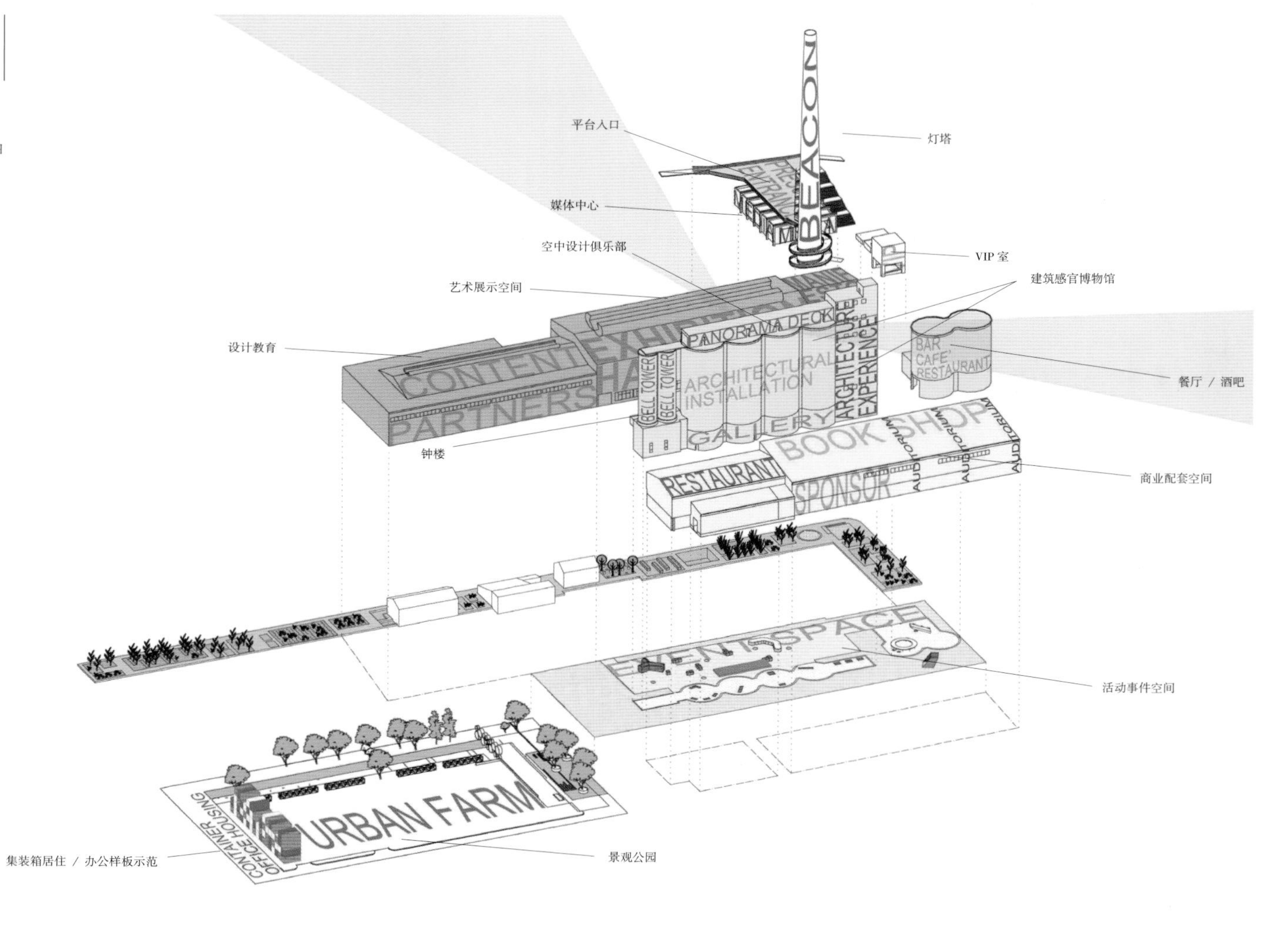

1 MAIN ENTRANCE 主入口

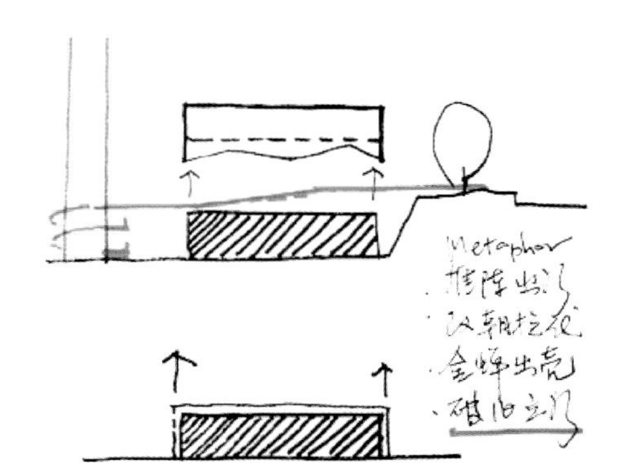

20 世纪 80 年代建造的厂房在工业区的渐进更新中逐渐衰败，曾经的工业巨人被遗忘在城市边缘。2013 双年展的策展团队和建筑师们希望通过“轻轻的触碰”去唤醒厂房沉睡的活力，并以全新的“价值工厂”形象展示于公众。NODE 承担了主入口及砂库片区的改造设计。

在主入口改造中，与原有仓库同等体积的新体量借由从老建筑中“生长”出来的结构所支撑，与老建筑形成平等对话。新体量由金属帘与玻璃双层围合，使建筑轻盈而有神秘感。

折面顶棚与旧建筑屋顶之间的空间作为界定厂区“入口”的区域，为人提供了过渡场域的体验空间。斜切的入口平台将人流导向环绕烟囱而下的螺旋坡道，引入厂区地面层。

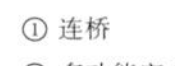

① 连桥
② 多功能室内
③ 卫生间
④ 入口平台
⑤ 媒体中心、书店、纪念品商店
⑥ 水池
⑦ 室外露台
⑧ 大台阶

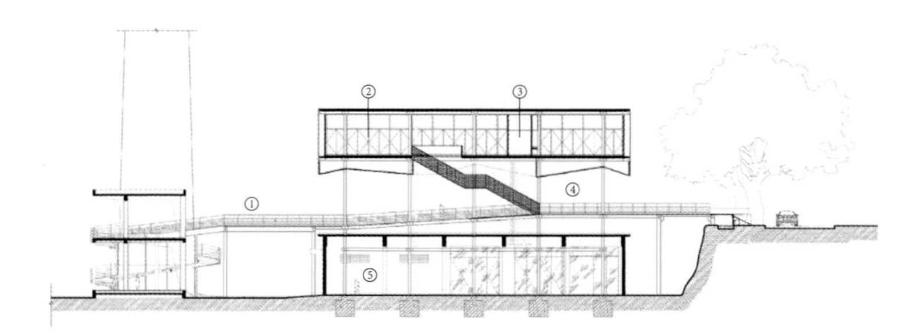

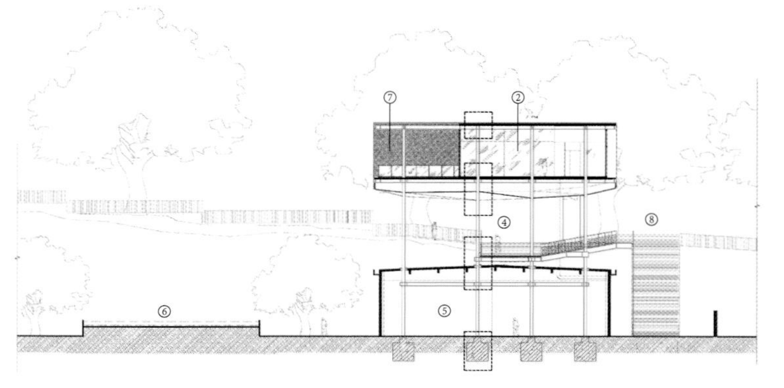

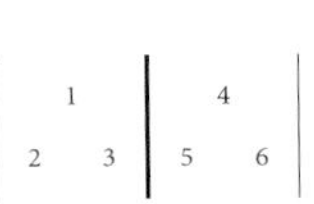

1 / 灯塔
2, 3 / 剖面图
4 / 斜切的入口平台
5, 6 / 新体量与老建筑形成平等对话

中心
CENTER

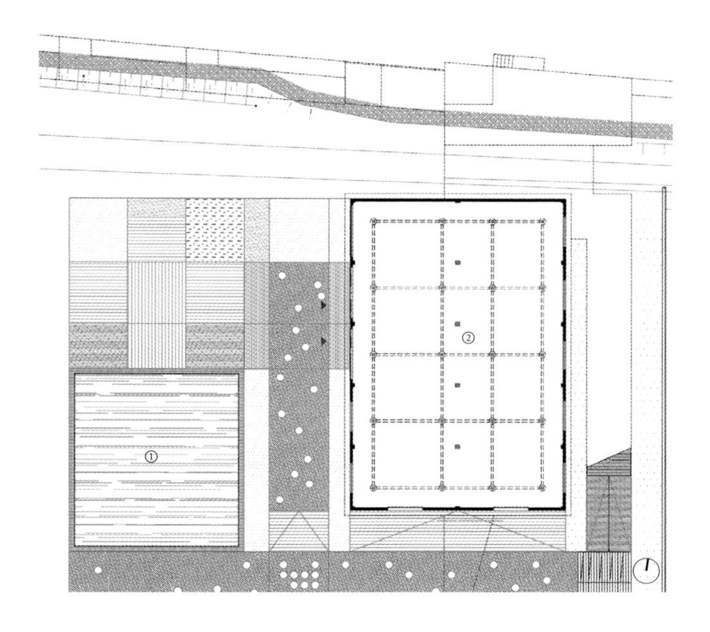

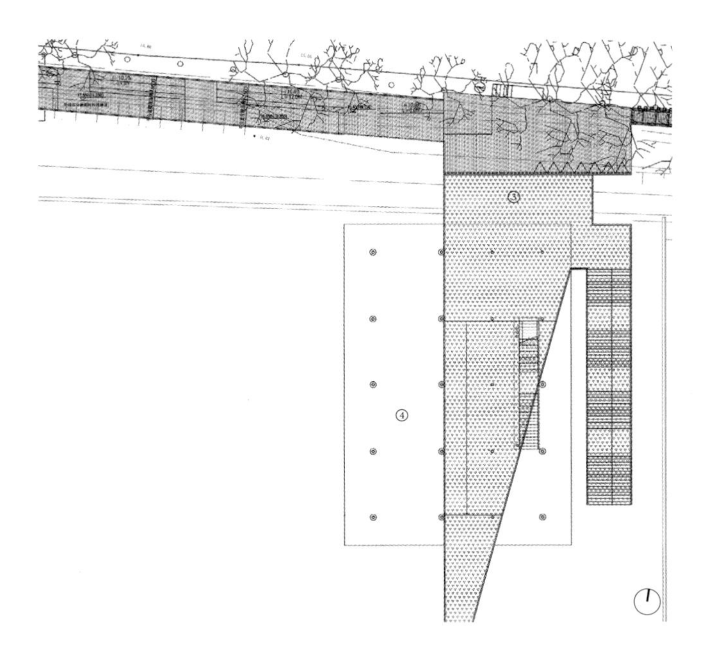

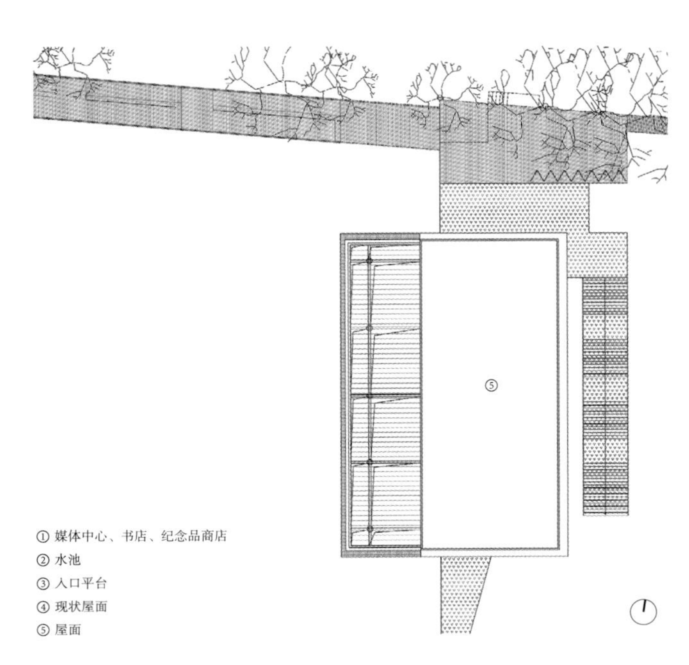

① 媒体中心、书店、纪念品商店
② 水池
③ 入口平台
④ 现状屋面
⑤ 屋面

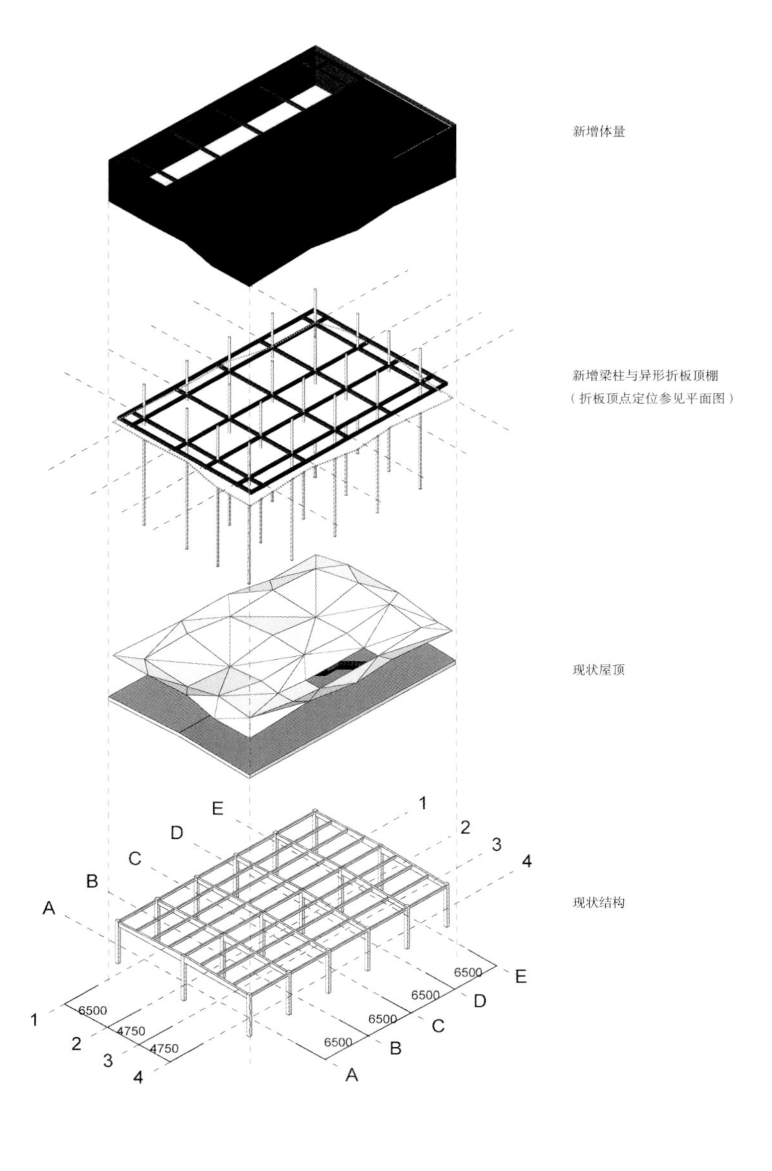

地点 / 深圳蛇口工业区蠖皮玻璃厂
业主 / 招商局蛇口工业区
建筑面积 / 1020 m²（旧建筑面积 620 m²，新增建筑面积 400 m²）
设计团队 / 南沙原创 – 刘珩（主创设计师）、杨宇环、Remi Loubsens、黄杰斌、吴从胜、陈良鹏
坡道方案合作 / Nitsche, NEXT architects
结构设计 / 北方工程设计研究院
照明设计 / 光程序
设计时间 / 2013 年 6 月 ~ 2013 年 9 月
竣工时间 / 2013 年 12 月
照片提供 / 曾瀚、南沙原创

1 / 主入口
2 / 一层平面
3 / 入口平台层平面
4 / 屋顶平面
5 / 轴测图

2 MACHINE HALL 机械大厅

广东浮法玻璃厂拥有辉煌的历史，作为深圳最早的一个玻璃生产工厂，具极高的历史价值，随着时代的变迁，位于城市边缘的工厂跟不上工艺的更新而惨遭淘汰。

2013 年深港双年展有机会让这栋废弃的厂房变成“价值工厂”，让原先处于背景的工厂重新焕发价值，进入人们的视野，是策展人奥雷·伯曼的理念。设计师的设计原则以“最少的触碰”为指引，尽可能保留原先工厂样貌，将原先玻璃工厂的生产工艺流程转换为观众的参观流线：以“火”为概念的宣言大厅、以“水”为灵魂的展览大厅以及“人”为核心的合作伙伴区。

宣言大厅向这个房间原来的使用功能致敬——玻璃的各种成分原先在这个熔炉里进行熔融。火的概念通过 LED 红色灯光制作双年展的宣言来象征房间内的温度，地上铺满的木炭来代表能源的原料，黑暗的空间与炙热氛围让参观者感觉到不舒服的、震撼的效果。展览大厅是原先工业生产最重要的场地，最大化地保留现场的元素及纹理，并在中间下沉广场有壮观的柱阵场景，结合水面反射以及不间断的水声，营造了一种宁静以及内省的氛围。在人行步道上，一种带有崭新的金属光泽的扶手栏杆结合顶部的 LED 导览灯光引导游人参观整个建筑流线。现状的一层采光窗户被展板遮挡，隔绝外部的景色干扰，让人能够安静地享受这些工业遗迹的味道，而底层取掉的格栅取代上层的窗户为底下水面以及柱阵提供微妙的光影效果。

合作伙伴区以“人”为核心，提供给世界各个著名文化机构以展示、宣讲与交流使用的区间，是整个改造后建筑内最为热闹，最有活力的区域。一个安装在 9.2m 高处的天桥跨过现有建筑，轻轻支撑于现有建筑的柱墩上，充当合作伙伴区与展览大厅之间的过渡区。端头保留的圆孔光柱会在下午投射进入这个区域，带来神圣的光辉。

1 / 入口
2 / 机械大厅内的石柱
3 / 地下层平面
4 / 地面层平面
5 / 地上夹层平面
6 / 屋顶平面

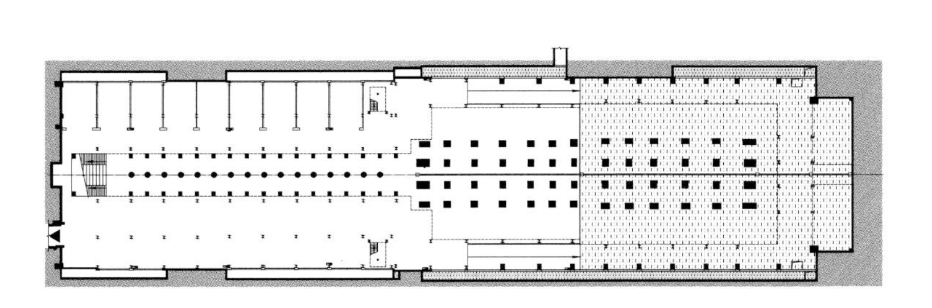

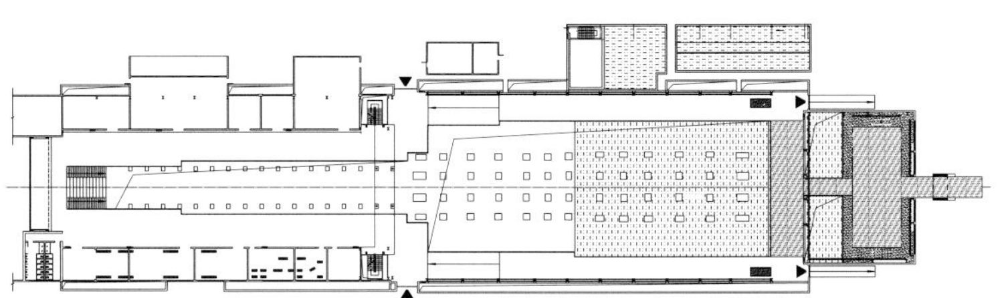

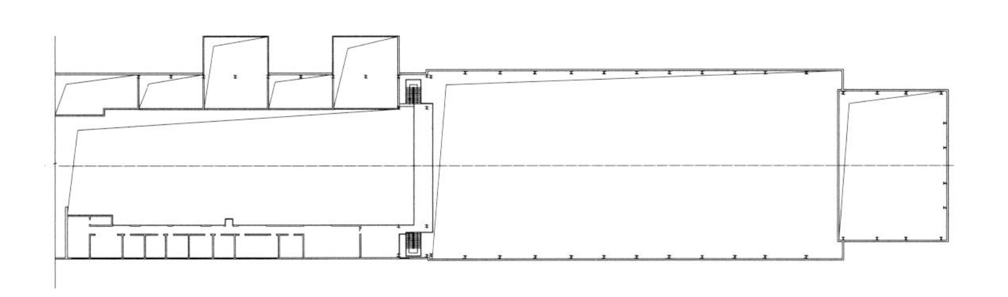

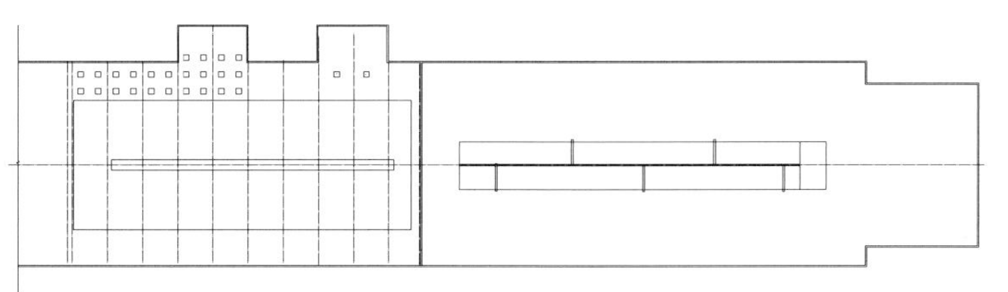

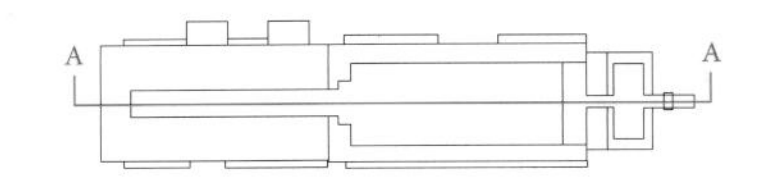

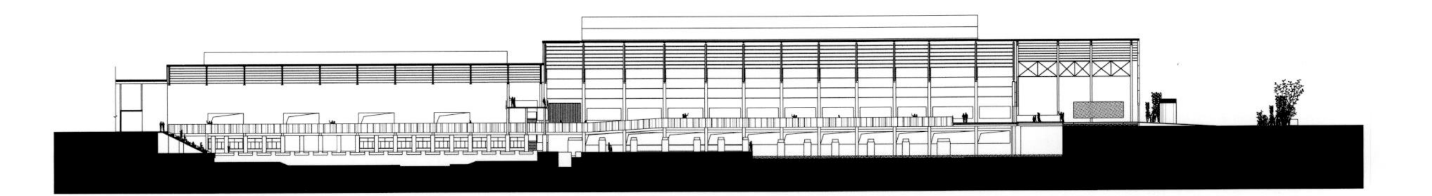

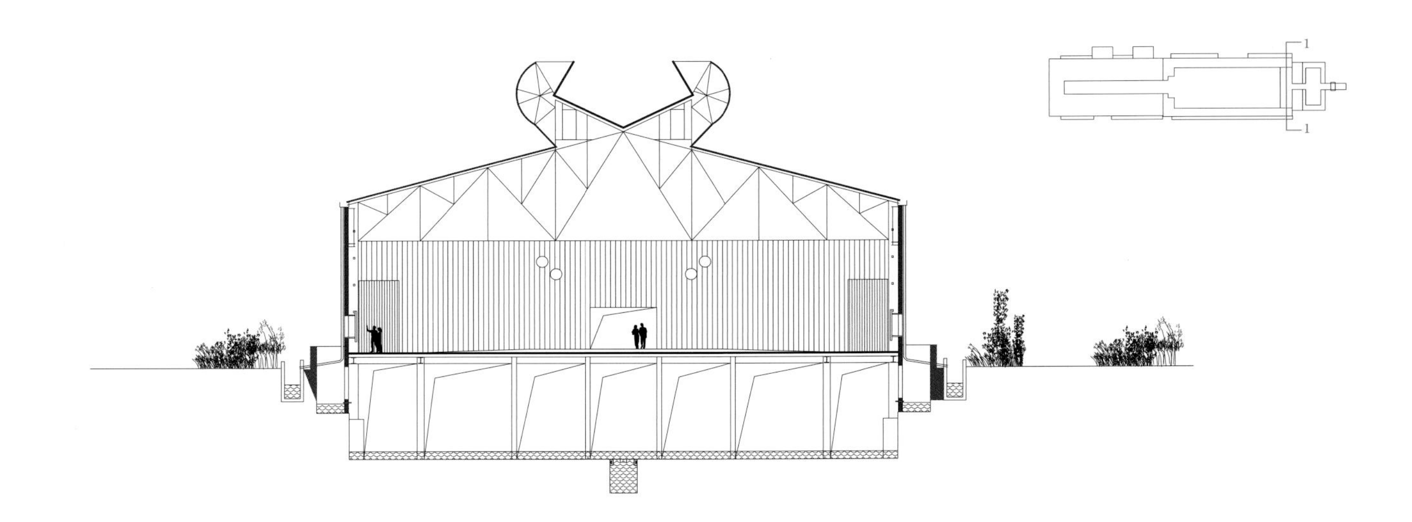

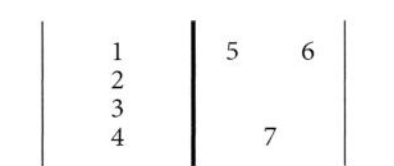

1–4 / 剖面图
5–7 / 大厅内展示空间

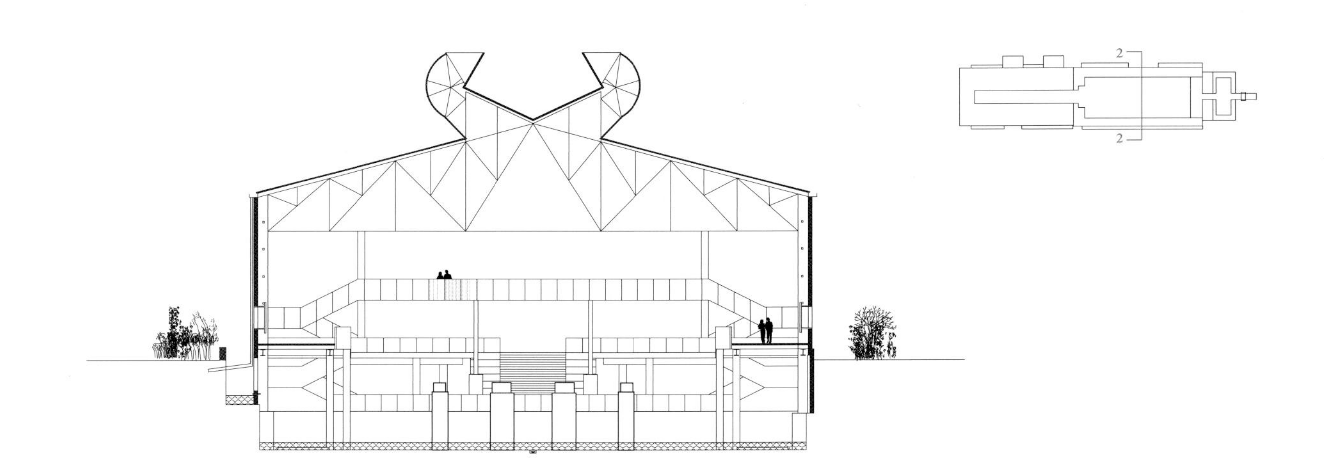

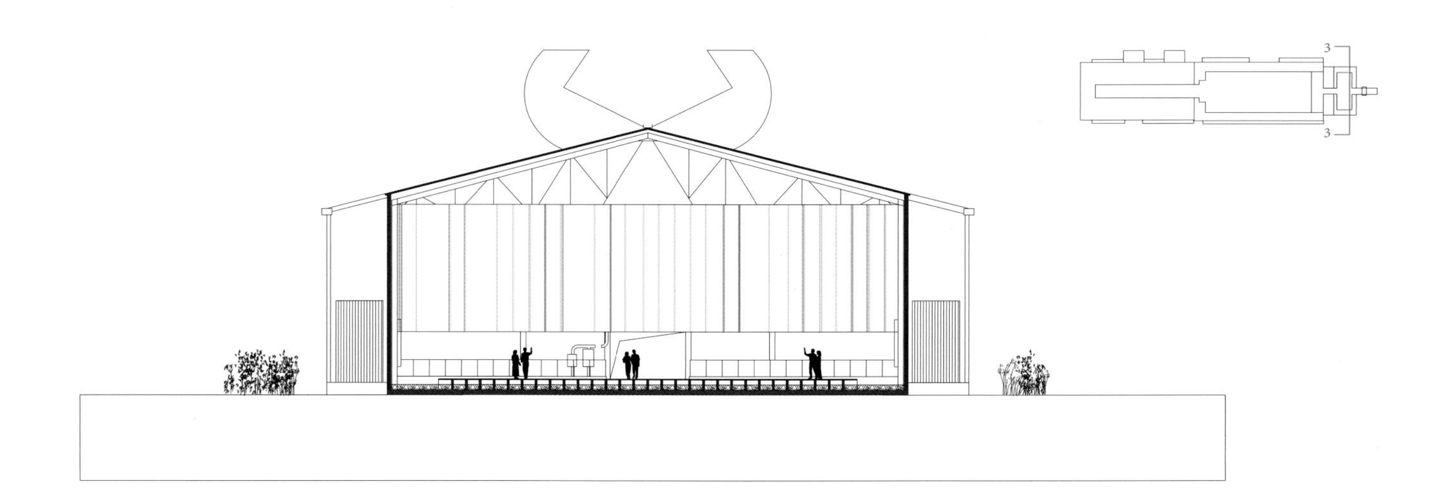

地点 / 深圳蛇口浮法玻璃厂机械大厅
占地面积 / 10000 m²
建筑面积 / 8000 m²
开发商 / 深圳招商工业区
委托 / 深港双年展办公室
方案设计 / 陈泽涛 – 坊城建筑（深圳），Pedro Riveira - RUA Architects (里约热内卢),
Milena Zaklanovich - Basic City (鹿特丹)
施工图设计 / 坊城建筑
结构设备 / 深圳市北方设计研究院有限公司
灯光设计 / 坊城建筑 + 深圳灯光设计协会
设计时间 / 2013 年
竣工时间 / 2013 年
摄影 / 左氏文化传播

3 | SILO BUILDING 筒仓

在中国，虽然很多工业筒仓已经不再使用了，却仍然主导着城市的天际线，这种特殊的建筑形式仍在迷惘中寻求未来的出路。2013 深港双年展中的筒仓改建则给出了一个特别的答案，建筑师将这个不进人的“厂房空间”改建成一个供人体验的“教堂空间”，令这个空间本身就成为了双年展空间体验的展品，充满了精神的力量。

筒仓原来是用于装沙、石灰石、纯碱、白云石等原料的柱形仓库，这里只装料，不进人。据了解，建厂初期，工厂每天要熔化 500t 原料。每个筒仓可以装一两千吨原料。工人们用提升机把原料提上仓顶，再运到筒仓里，原料在这里按照配比搅拌，进入生产线。

四个连续的大筒仓皆高达 36m，直径为 12.6m，通过重新组织空间动线让观众充分领略到筒仓空间的魅力，令这个原本只是与物料打交道的空间本身变成一座建筑博物馆。建筑师用教堂之名称呼他们的筒仓设计——这个“建筑教堂”的体验流线从首层入料层西面入口进入建筑（有趣的是天主教堂通常也是背东面西），由西往东穿越圆柱筒仓的下部的出料口，进入物料被垂直运输的矩形方体建筑底部。随后沿原有建筑唯一的垂直步梯上行，途中可观赏多个楼面的水平孔洞和立面的垂直孔洞，感受建筑的内、外、上、下之间的有趣关系。这儿是原来工人用来称量并向厂房传送原料的地方，有 6 层楼高，为了方便上下吊运，楼层地面间有个 1m 见方的方洞用于上下连通。设计师将这些方洞重新铺上玻璃，人们可以透过玻璃从顶层直接看到底层地面，而这层层叠叠的玻璃配合老厂房的氛围，则带来了一种超现实主义的效果。穿越这 6 层的垂直空间后到达距地面标高 36m 的入料层——一个长条型的水平线性空间，参观者在这里可以透过多个筒仓顶面的门洞观赏到厂区和远处货运码头景象。当从东侧一直走到西侧尽端，从户内走到两个小型钢质筒仓顶部的露天观景平台时，参观者可以放眼俯瞰厂区，远眺海面以及远处香港的山景，或闭目感受山海之间的空气。

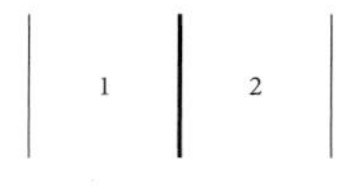

1 / 多根圆柱体一字排开，经过改造后，厂房空间变成了“教堂空间”
2 / 改造后的螺旋楼梯

负责该筒仓改建的建筑师之一、来自“源计划”的何健翔说，他希望设计师对这个空间所有的动作都只是“激发”，可以保持新与旧的距离，和那种对历史的敬畏，所以，在设计上，他有意保留筒仓的工业粗粝感，这样，观众就能与空间进行一对一的对话。

从“建筑教堂”的顶端进入西侧第一个大筒仓中，沿着新设的一条紧贴筒壁盘旋而下楼梯缓步下行，就到达了筒仓底部，接着顺序穿过其余的三个大筒仓。人们在这里获得全新的建筑体验——在本来容纳超量物料的封闭空间中穿行，感受静寂、黑暗，同时感受自己。

筒仓内设置螺旋式的楼梯，这个类似于纽约古根海姆博物馆的几何构造亦给人带来了别样的空间体验。

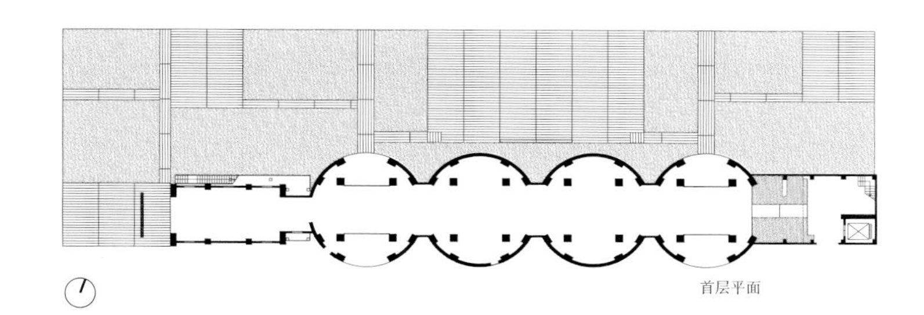

首层平面

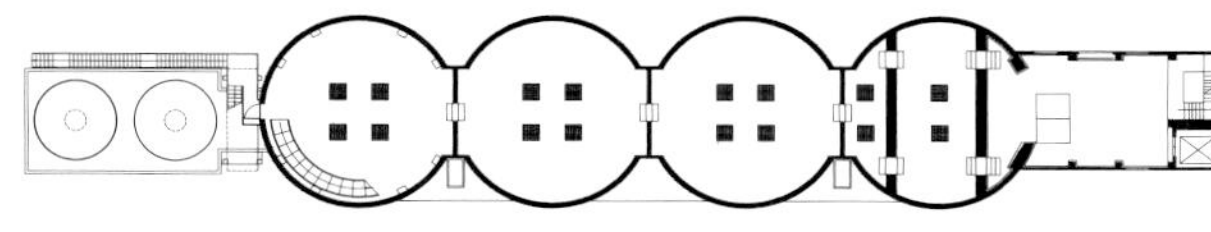

改造后 11.950 标高平面

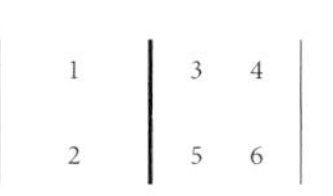

1 / 顶层的玻璃 T 台
2, 3 / 设计师将运货通道铺上了玻璃
4 / 改造后平面
5 / 整体改造沿袭"最轻的触碰"的原则
6 / 剖面图

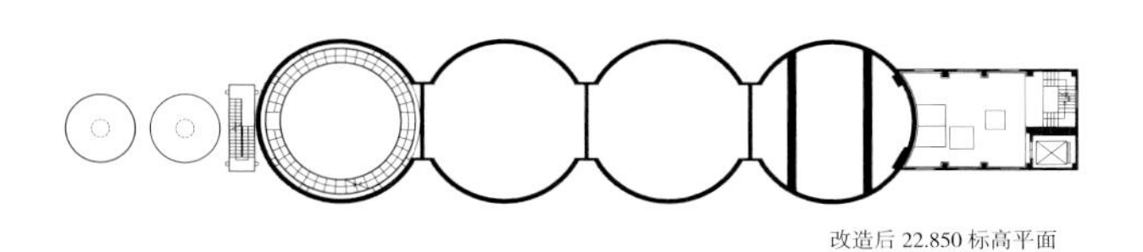

改造后 22.850 标高平面

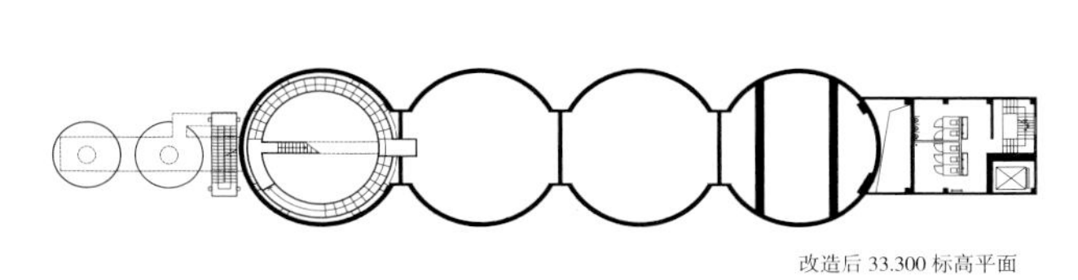

改造后 33.300 标高平面

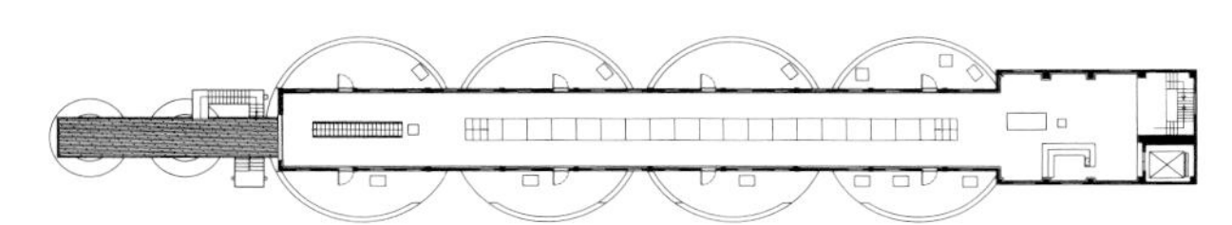

改造后 36.000 标高平面

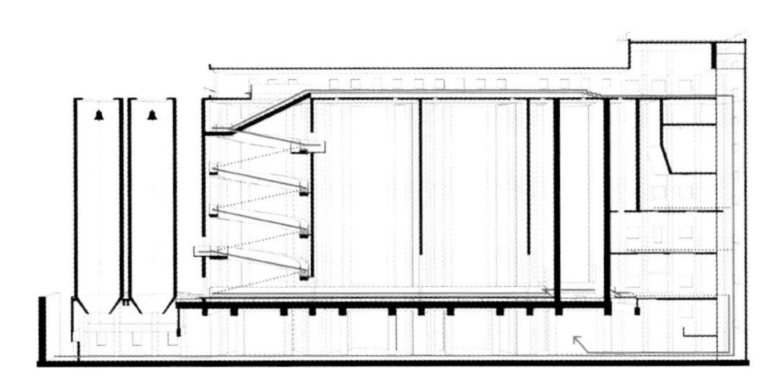

地点 / 深圳蛇口工业区
占地面积 / 2281.8 m²(大筒仓)，472.8 m²(小筒仓)
建筑面积 / 2662.7 m²(大筒仓)
概念设计 / 源计划工作室－蒋滢，Lassila&Hirvilammi Architects-Teemu Hirvilammi，Maurer United Architects-Marc Maurer，Aleksander Joksimovic
建筑设计 / 源计划工作室
建筑师 / 何健翔、蒋滢
设计团队 / Thomas ODORICO，梁子龙，董京宇
设计时间 / 2013 年 4 月 ~2013 年 7 月
竣工时间 / 2013 年 11 月
文字 / 徐明怡
资料提供 / 源计划

4 WAREHOUSE 砂库

砂库原始厂房本身无显著空间特色，且作为厂区的公共服务区域，采用了简单的改造方式。新增夹层将原本独立的三个空间连通，提供了新的空间体验路径；首层被划分为三个独立的功能区域，互不干扰；新增部分保留了钢材原本的质感；采用了工业用临时材料，使得其是已有部分理所当然的延伸。

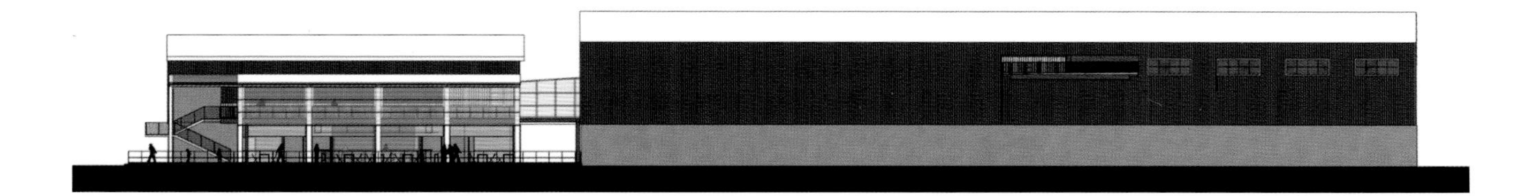

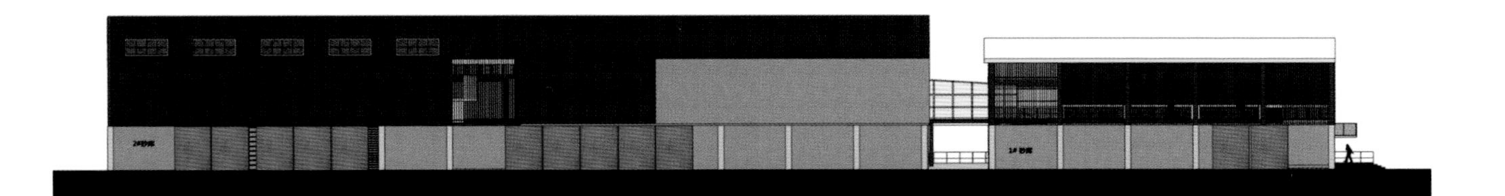

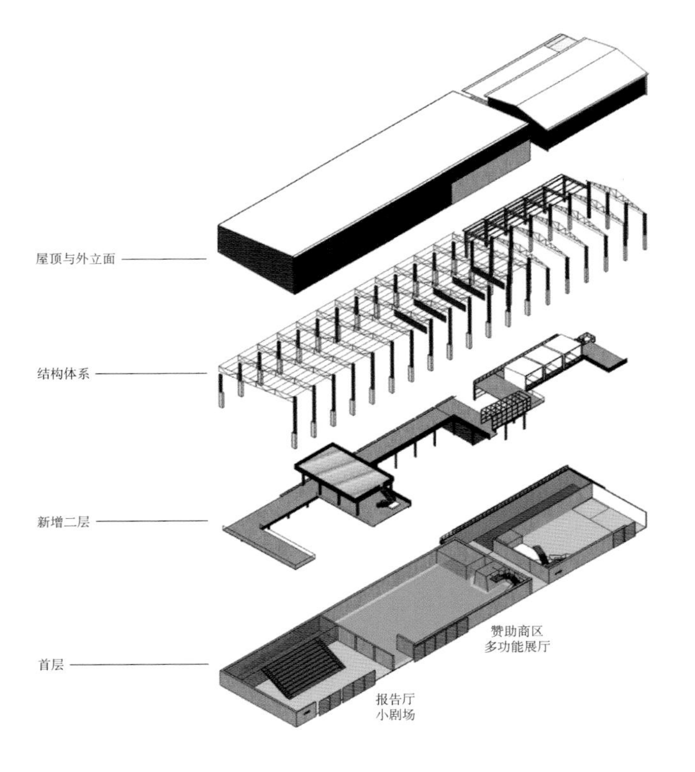

1 / 活动室
2 / 报告厅小剧场
3 / 南立面
4 / 东西立面
5 / 北立面
6 / 轴测图
7 / 新增夹层

地点 / 深圳蛇口工业区耀皮玻璃厂
业主 / 招商局蛇口工业区
建筑面积 / 合计 4074 m²（旧建筑面积 2756 m²、新增建筑面积 1318 m²）
设计团队 / 南沙原创 – 刘珩（主创设计师）、杨宇环、黄杰斌、吴从胜、李鹏程
结构设计 / 北方工程设计研究院
照明设计 / 光程序
设计时间 / 2013 年 6 月 ~ 2013 年 9 月
竣工时间 / 2013 年 11 月
照片提供 / 曾瀚、南沙原创

O-OFFICE
源计划办公室

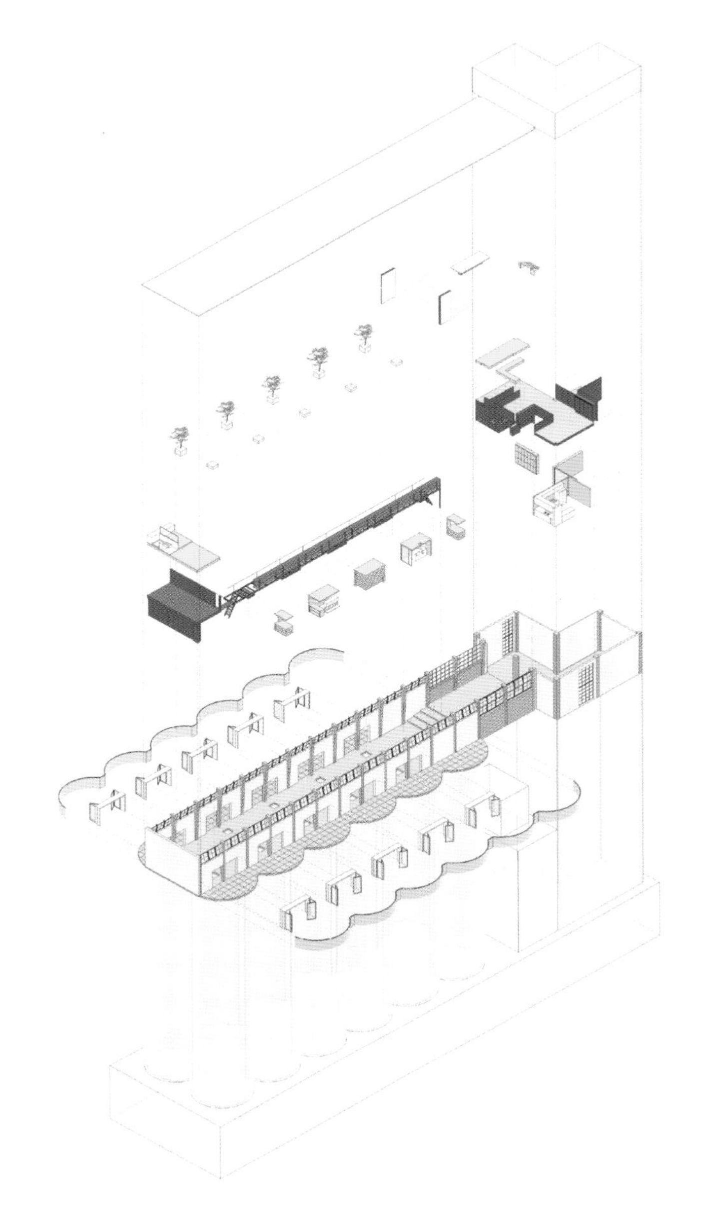

建筑师们往往会希望自己的办公室是“经得住时间考验”的，毕竟，每天要在办公室待相当长的时间，忙起来更是没日没夜，简直吃住都在办公室里。建在老麦仓顶上的源计划工作室充分地体现了这点认识。

老麦仓的前身是广州啤酒厂的大麦储存仓，始建于1934年。麦仓顶层的空间原是用于将由下面运上来的麦子通过水平流线运到各个筒仓顶部，再将麦子向下倒进筒仓里。内部空间封闭，呈线性展开，每3m一跨的门架通过纵向次梁构成关系清晰的结构整体；约54m长、7m宽，地面交错设置了3列80cm×80cm的洞口直通下部的筒仓。

传统入口的前台空间被一个小酒吧取代，好似招呼来往的建筑师们进来坐坐，来杯咖啡。延续原建筑两列排开的筒仓，南北墙面对应各开了5个门洞，利用筒仓顶部形成了12个半圆的室外阳台。门洞上粗犷的开启扇经过特别设计可以180°角全开启，是特别定制的。清晨和傍晚的阳光总是倾泻而下，映着半圆阳台上红色的大阶砖，分外妖娆。建筑师们各自认领临近自己座位的阳台，自由地打点各式大大小小圆盆上的花草，照料它们的同时，也好好放松绷紧的神经。

沿着线性路径展开的是工作空间的主体。在它的南侧，搭建了局部两层的功能带：二层为收藏各种材料样品的样本库；一层则结合墙面开洞，构筑了5个大小均一的木盒子功能模块，满足模型切割机、模型材料收纳、打印室、图纸收纳等功能。在这个横向的典型剖面上，每一个改造动作都尽可能标准化，改造使用的材料也选用常见的易于加工的工业产品：钢板、热镀锌管材、金属网、水泥纤维板……为了满足建筑师追求材料及其关系的诚实和清晰性的癖好，所有内表面均凿开原来不同时期修补的厚厚的抹灰层，露出本来的材质——混凝土及红砖，清洁后一展原貌。

在改造设计中，建筑师有一个很温情的想法，就是利用原有楼面上向筒仓的一系列开口种植树木，这样无论是人的活动、家具的摆放，还是植物的种植，都可以在同一个标高面上，也就是说，室内的植物可以直接种植在地板上！高窗投射的阳光让绿叶在地面上形成了斑斑驳驳的光影，建筑师穿梭在树林和光影中自如工作，美其名曰“麦仓顶的森林办公室”。

入口的酒吧总是最轻松的地方。午饭后一小杯expresso，咖啡机嘶嘶的蒸汽中浓浓的香韵，马上就让这儿热闹起来，大家在这里交换和分享着美味的点心和各种想法。酒吧上面的开敞阁楼是午睡休息（当然也可以晚休）的地方，经过表面保护处理的光滑黑色热轧钢夹层简单地裸露出来，与灰色粗粝的混凝土面相映成趣，有如年轻的工作室和老麦仓这对巧妙的组合。

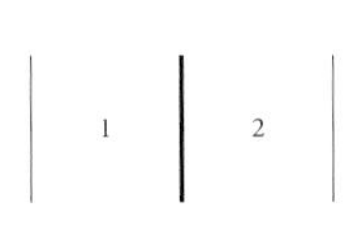

1 / 酒吧及上部空间
2 / 轴测图

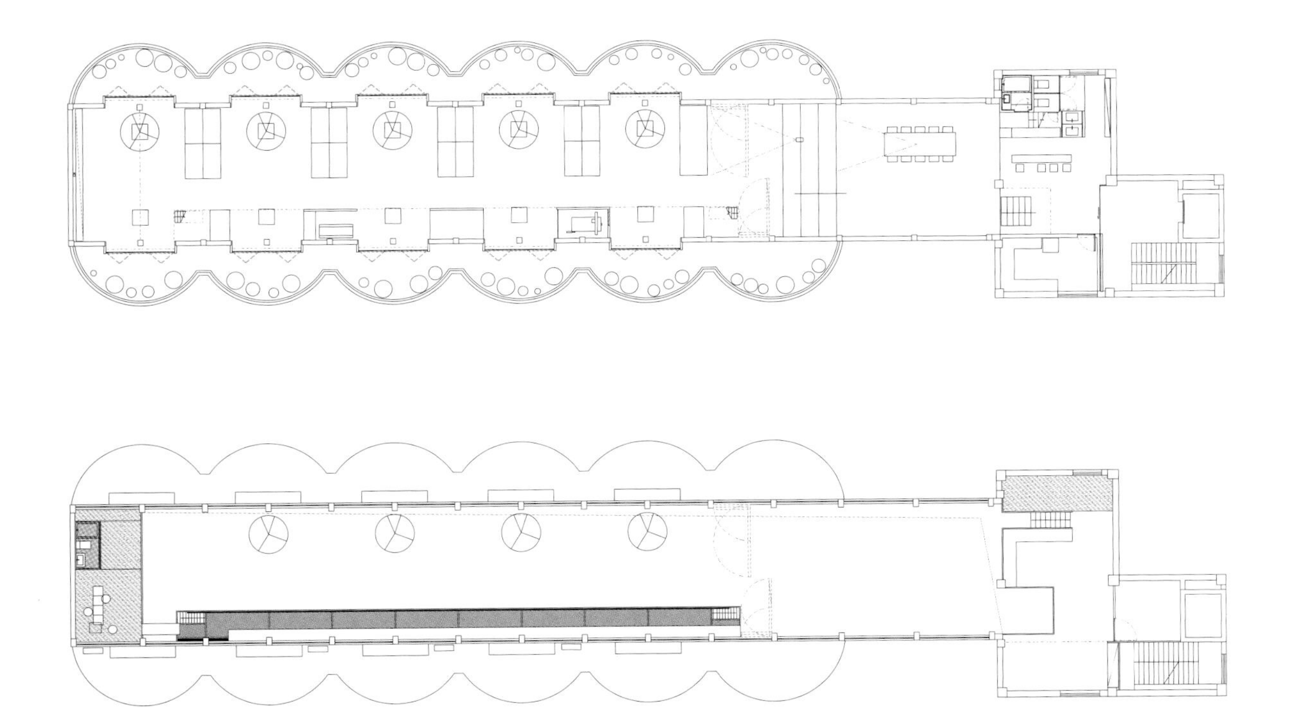

1		4
2	3	5
		6

1 / 建筑外观
2, 3 / 建造前原貌
4 / 可俯瞰江景的半圆形阳台
5 / 下层平面
6 / 上层平面

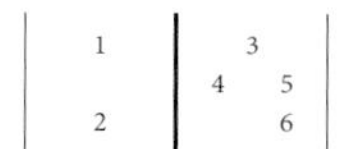

1, 3, 4 / 工作空间
2, 5 / 入口
6 / 各种材料样品的收纳架

STRIP

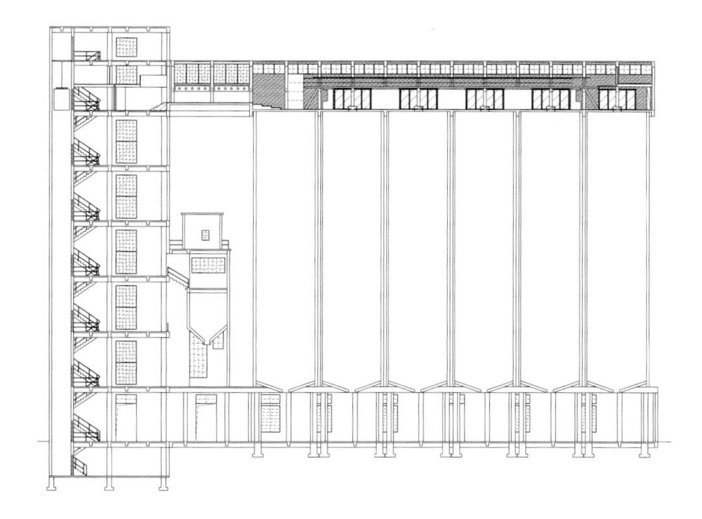

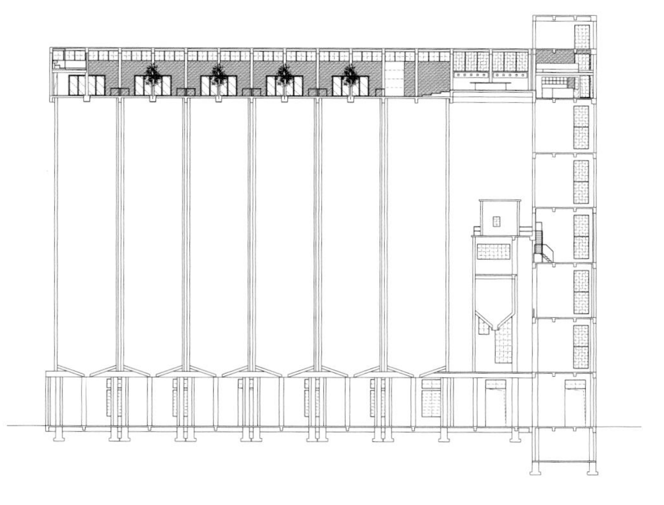

地点 / 广州市荔湾区西增路 63 号原广州啤酒厂麦仓
建筑面积 / 535 m²
设计公司 / 源计划建筑事务所
设计主持 / 何健翔、蒋滢
设计时间 / 2012 年
竣工时间 / 2013 年
文字 / 蒋滢
摄影 / 林力勤 LIKYFOTOS

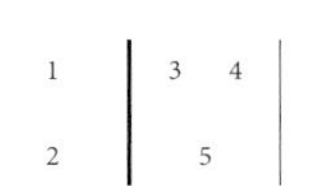

1 / 入口的小酒吧
2 / 尽端的图书馆
3, 4 / 剖面图
5 / 会议室

1000ml
GREEN TEA
大溪老茶廠

DAXI TEA FACTORY
大溪老茶厂

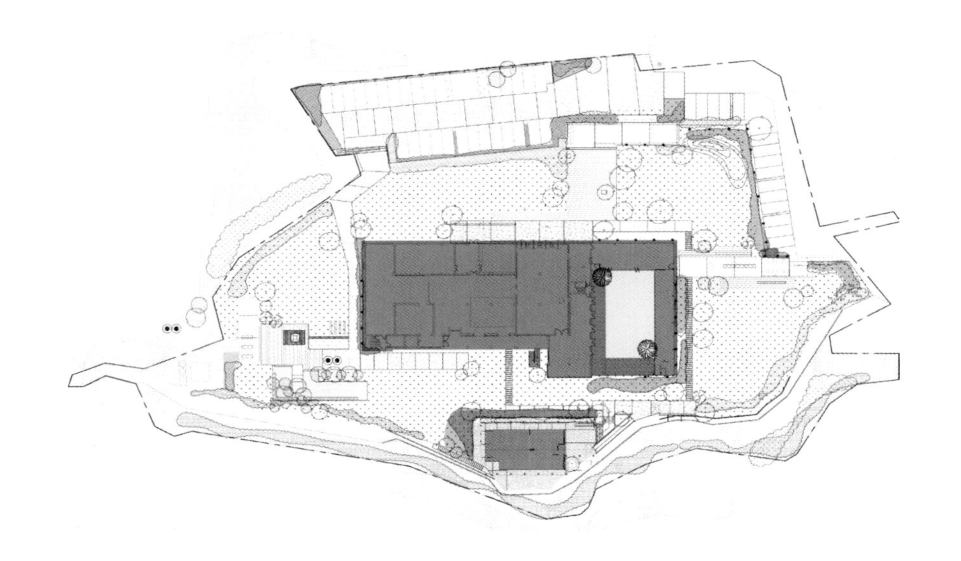

大溪老茶厂位于台湾大溪慈湖附近山上，是一栋砖造混合桧木屋架的茶叶制作工厂，兴建于日本侵略者统治时期（1895~1945 年间），茶叶贸易外销量巨大的年代。1945 年之后进行了第一次全面修缮及扩建工程，随着国际经济趋势起伏，茶叶贸易逐渐式微后，茶厂便废弃至今。

在老厂房原初的设计中，为应付当时庞大的外销需求，在空间规划及设备配置上多有巧思，并兼具环保意念。旧时茶厂的制茶流程，首先会将新鲜茶菁由一楼输送带，送至二楼做室内萎凋，并藉由建筑两旁共 8 座通风电扇，使空气对流，再环保利用热空气上升原理，将一楼干燥机产生的热风也引导至二楼萎凋区，以加速茶菁水分自然蒸发。茶菁萎凋完成后，马上进行揉捻，在二楼地板多设有投茶孔，孔洞下方即是揉捻机放置处，经由孔洞内的布袋运送至一楼进行揉捻、解块、干燥、切菁及筛分等制茶作业。

在茶厂废弃近四分之一个世纪后，即 2010 年春天，修复及重生计划开启。由自然洋行建筑设计团队操刀，空间设定涵盖制茶、餐厅、门市、茶图书馆、茶屋、多媒体室等，将废弃的老厂房转化为自然农法意识结合观光工厂的概念综合体。

大溪老茶厂建筑的挑高空间结构被原汁原味地保存下来。设计师出于美学和功能的考虑，还保留了许多原有的建筑元素。如茶厂二楼纵横交错的衍架，共计 151 根，其运用榫头及力学结构，在视觉上有种撼动人心的美。还有整排蓝灰色窗棂、被踩到平滑光亮的水泥地板，甚至在石墙及原木梁柱上都还能窥见斑驳的历史痕迹，处处流溢着古朴怀旧况味，呈现出老茶厂的百年隽永光阴。

设计者认为，在新旧之间修建历史性建筑，赋予空间新的思维是一门选择的考验。如攀附在墙体的树木和藤蔓窜根，是破坏结构防水的元凶，但同时它的荒美也是滋润心灵的自然导师，以缓慢而侵略之姿，活化着空间。

茶是一种安神的液体，浓淡皆宜，令人心平气清。这个年代，饮茶氛围已经不再像古人的雅致杯盘器物、兰花古琴；也并非东洋的寂寥空灵。设计师选择与场地文脉更相宜的阳刚豪迈的饮茶状态来设计空间。在细节层面，设计师选择了品类丰富的茶具器皿，有的来自乡村的五金行，也有来自北欧的宜家风，渲染出此时、此地，城乡住民能够共同接受并产生共鸣的饮茶情怀。而在宏观层面上，设计师透过工厂矩阵元素和硕大空间的安排设计，试图显现一种矛盾状态的可能性，打造不寻常又极度日常的茶文化空间。

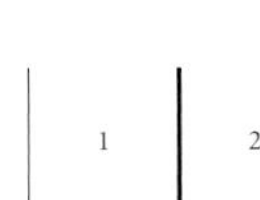

1 / 茶罐展示架
2 / 基地平面

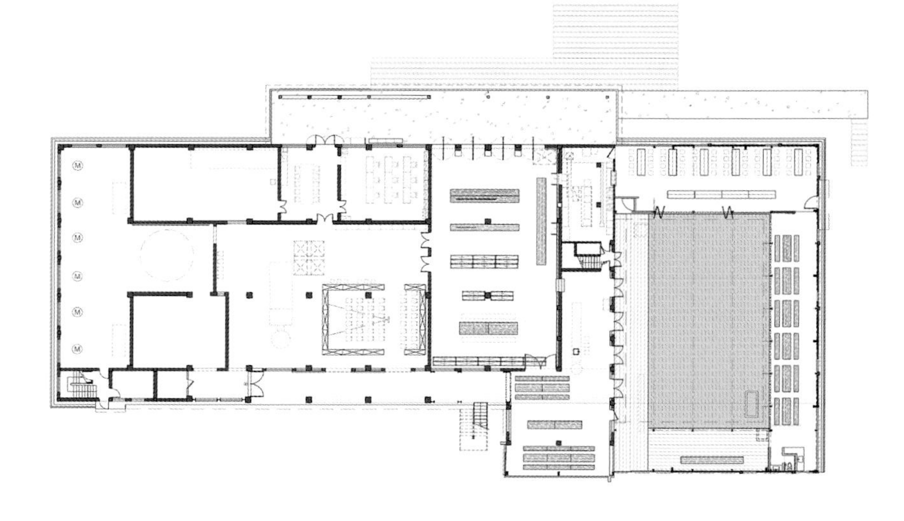

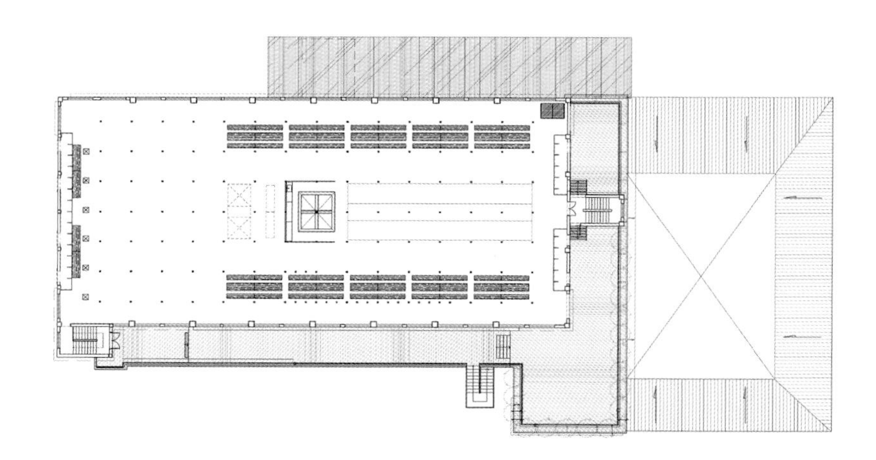

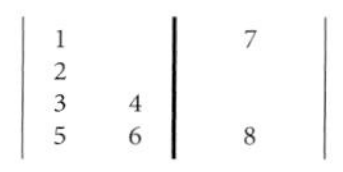

1 / 一层平面
2 / 二层平面
3 / 茶屋中庭水景
4 / 洗涤区
5 / 茶屋展售空间
6 / 茶屋品茗茶席空间
7, 8 / 茶屋中庭水景

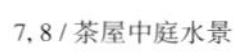

1, 2 / 制茶萎凋区

3, 4 / 老茶厂的岁月痕迹

5 / 制茶萎凋区

1 / 展演区

2 / 多媒体导览空间利用农业温室纱网围塑

3, 4 / 门市展示销售空间

5 / 普洱茶砖墙

地点 / 中国台湾桃园大溪山区

基地面积 / 12000 m^2

设计单位 / 自然洋行建筑设计团队

设计团队 / 曾志伟、陈莉薇、胡如燕、郭俊廷、陈嗣翰、李铭村、林凡榆

设计时间 / 2010 年 ~ 2012 年

竣工时间 / 2013 年

文字 / 曾志伟

摄影 / Jetso Yu

FOLDING SCREENS
叠屏

项目位于北京和平门琉璃厂西街，这里是北京最为知名的古玩字画老街之一。街道建筑兴建于 20 世纪 80 年代左右，由政府统一规划。房子是清一色的钢筋混凝土结构的两层仿古建筑，带有一层地下室。

设计师的灵感来自于一种具有悠久历史的中国古典家具——折叠屏风。屏风是中国古代居室内重要的家具、装饰品，其形制、图案及文字均包含有大量的文化信息。折屏一般陈设于室内的显著位置，起到分隔、美化、挡风、协调等作用。它与古典家具相互辉映，相得益彰，浑然一体，呈现出和谐宁静之美，并营造出似隔非隔，似断非断的空间体验。而设计师所希望创造出的，也正是一种东方、禅意、自然、朴素的空间氛围，同时在现有柱网的限制条件下，使得室内空间得到最大化的呈现。

设计利用屏风展墙作为基本语言，将现状建筑空间整合起来。首层由固定屏风围合成一个上下通透的盒子展厅，给人以鲜明的第一印象；二层折叠的屏风展墙使空间能够弹性利用，提高空间利用率。地下室通过软膜顶棚形成一个类似庭院一般的亮空间，消除地下空间给人的压抑感。

在项目实施的过程过程中，建筑师遇到了不少挑战。由于原建筑装修图纸资料的缺失，以及项目时间和施工程序的限制（施工图完成，通过审核预算，招标后确定施工方），所以在施工图完成时，原建筑装修还没有拆除，这就造成了设计效果与现场条件对接时存在差异的情况。因此，施工过程中，特别需要设计师能具有一定的弹性，根据现场条件和施工工艺水平“再设计”，以保持概念到结果的完整性。比如楼梯，从外表上看是厚重的混凝土结构，在施工中却发现是木结构的。建筑师根据这一变化，用更轻巧的钢梯取而代之。楼梯设计将踏板与梯段梁分开，中间通过金属杆件连接，尽量纤细以突出轻盈的感受。而这样非常规的设计不能厂家定制，使用多厚的钢板、多大的梁、多粗的连接杆需要在现场不断与施工工人协商，为此还制作了 1:1 的样品测试稳定性。再比如二层原本是平顶，拆除时发现原建筑粗糙的坡屋顶结构。建筑师果断选择将部分坡屋顶裸露于室内空间，增加室内高度的同时，保留了原建筑与新设计的对比关系。

叠屏项目将传统的艺术精品通过当代空间语言传递表达出来，让更多的人乐于进入到这样的空间之中，从而传递公共价值。

1 / 裸露老屋顶构架的楼梯间

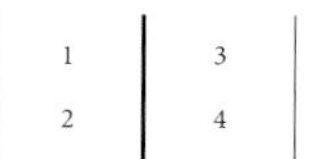

1 / 叠屏展开时的展厅
2 / 分析图
3 / 剖面图
4 / 叠屏折合时的展厅

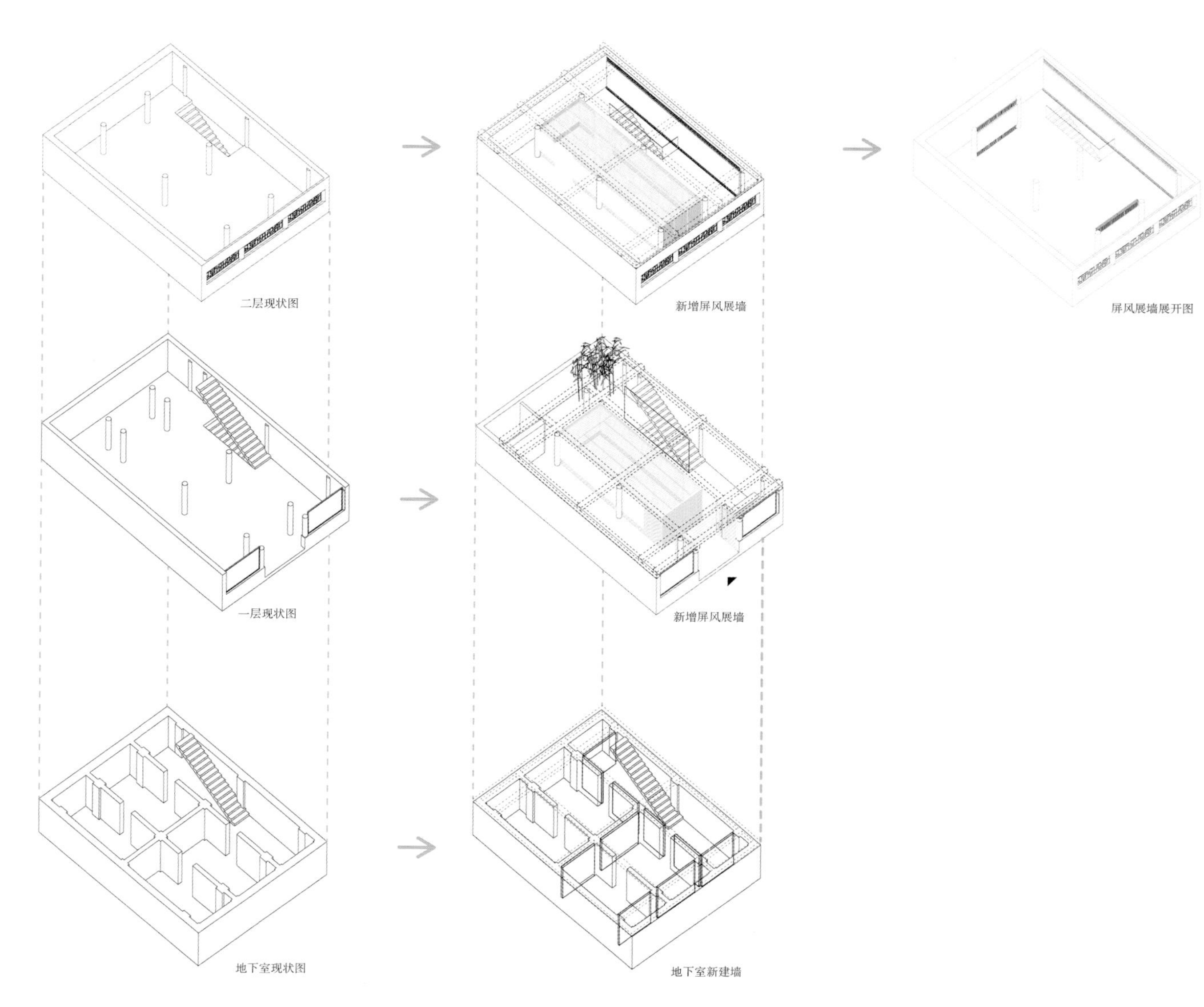

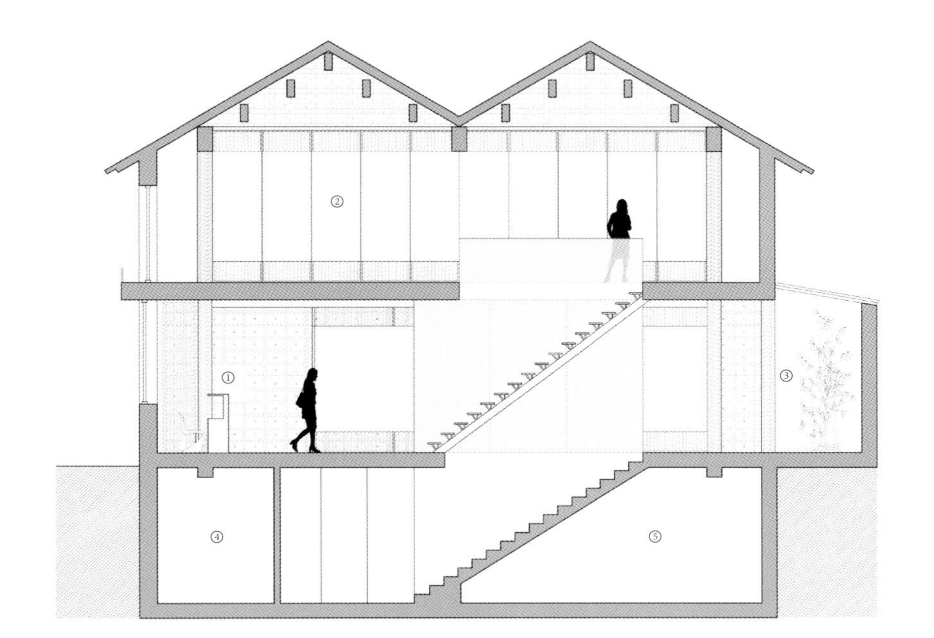

① 收银台
② 展厅
③ 室内景观
④ 机房
⑤ 开放办公区

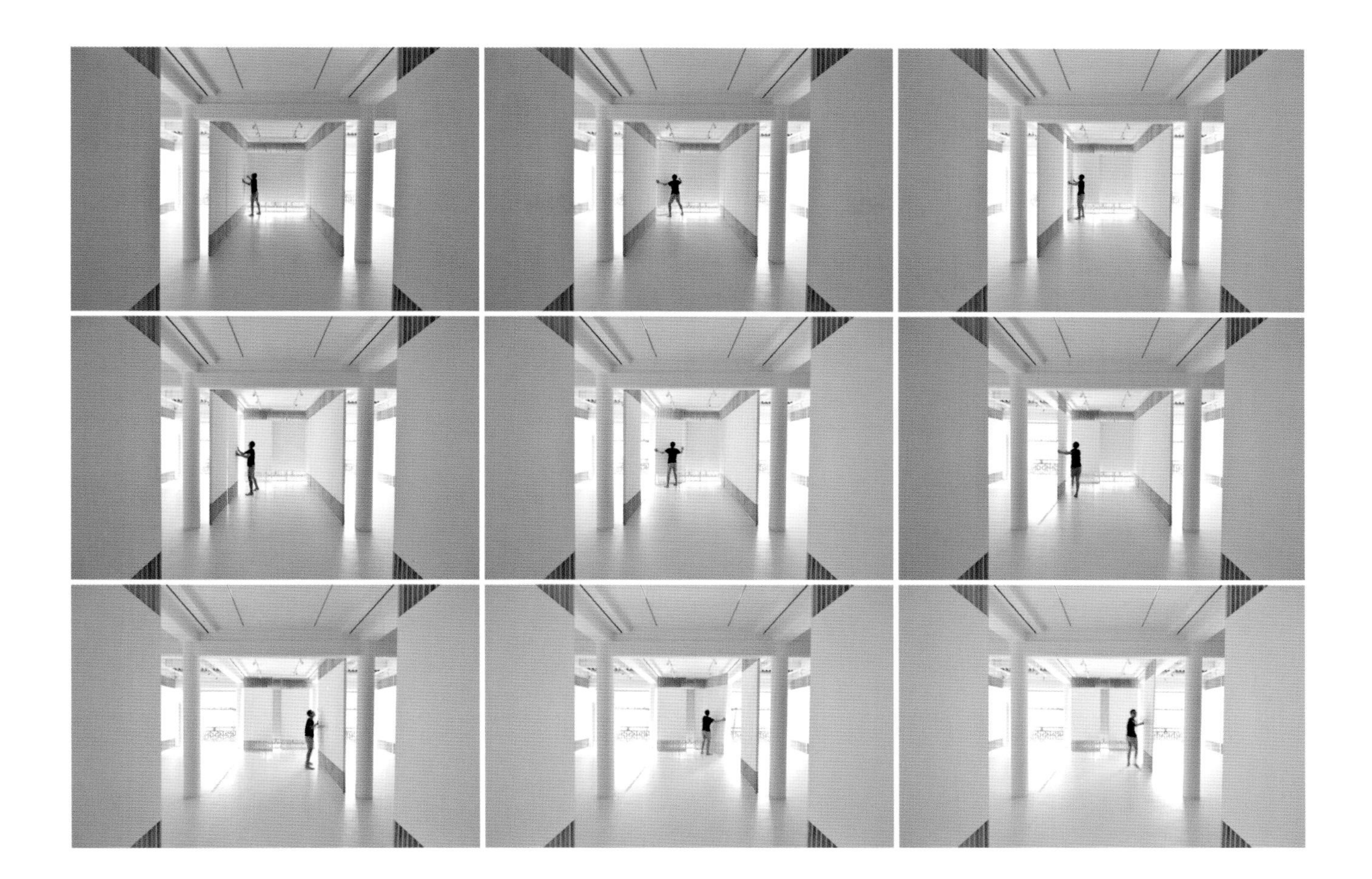

① 门厅
② 收银台
③ 展厅
④ 沉香堂
⑤ 室内景观
⑥ 卫生间
⑦ 机房
⑧ 库房
⑨ 开放办公区
⑩ 经理室

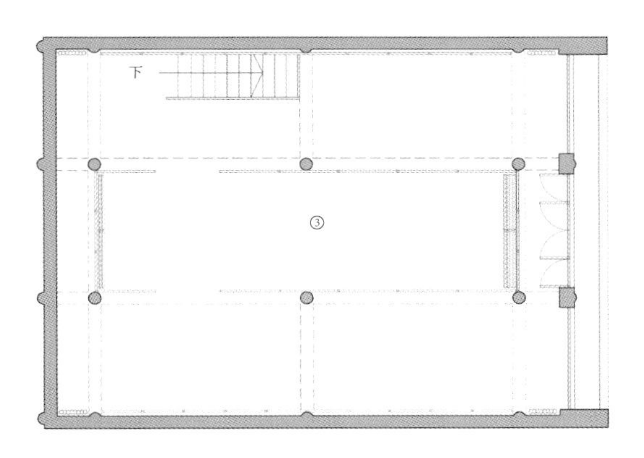

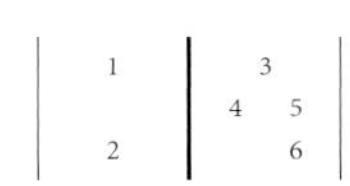

1 / 展厅
2 / 沉香堂
3 / 室内实景色
4 / 一层平面
5 / 二层平面
6 / 地下室平面

地点 / 北京
项目类型 / 展示 + 改造
建筑面积 / 400 m²
设计时间 / 2012 年 12 月 ~ 2013 年 2 月
施工时间 / 2013 年 3 月 ~ 2013 年 5 月
设计团队 / 韩文强、丛晓、孔琳
摄影 / 王宁

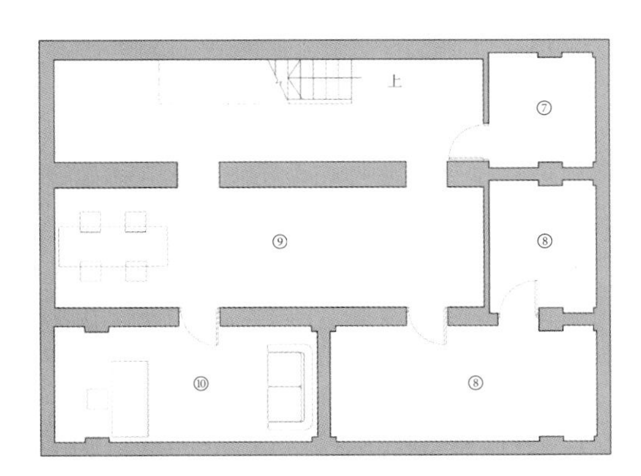

2

文化设施

龙美术馆西岸馆

绩溪博物馆

水井街酒坊遗址博物馆

印象江南

红砖美术馆

南京万景园小教堂

上海国际汽车城东方瑞仕幼儿园

LONG MUSEUM WEST BUND
龙美术馆西岸馆

在20世纪的工业时代，龙美术馆西岸馆选址的地点曾经是以上海的母亲河——黄浦江为交通命脉的煤炭码头及船舶基地，新的设计首先还是想重新挖掘建筑与场地原本的工业文明之间可能的关联。在场地的现场，任何人，无论如何都会被那条留存下来的长110m、宽10m、高8m的“煤料斗”的长廊吸引住，这个纯粹为了煤炭从水路的码头通过传送带卸至料斗下火车货厢而设计的单纯运输功能的构筑物，却具备了吸引所有人眼光的独特魅力。设计师决定，要用混凝土构筑一个趋于纯粹的架构物。

这样的想法使西岸的龙美术馆将建筑的感染力重新建立在了空间的直接性和原始性思考上。新建筑以独特的现浇清水混凝土“伞拱”结构为建构特征，在形态上不仅对人的身体产生庇护感，亦与保留的江边码头的“煤漏斗”产生呼应。由此，建筑内部将呈现一种原始的野性魅力，但巨大的空间尺度及细腻光洁的表面又会带来一种未来感，这便是设计想要做到的——在时间的横竖轴上进行织造，新与旧的并置，就是不同时间的并置，它将带来充满魅力的具有历史感与记忆的城市空间。

当独特的“伞拱”结构相互合并成“拱”，或垂直相交时出现的“半拱”，甚至风车状布局时合并而成的类“十字拱”，这些形状上的“拱”都不是真正结构意义的“拱”，却依然指向了最早出现混凝土拱的地方——罗马。这可能同时也与尺度有关。虽然地面大厅的室内净高只有12m，最大的跨度只有16m，但是由于室内的顶是由墙体延展而成的连续同质的清水混凝土表面，而且拱形的起弧点相对于半圆拱被有意向上提高了，再加上室内实际由独立墙体支撑所形成的空间流动性，使这个架构的空间体散发出一种与生俱来的公共性气质，人的身体在这个空间中会获得一种奇妙的自由感，这也令这个空间超越了作为常规美术馆空间的印象。建筑师柳亦春表示，一个美术馆应该不仅是这个城市空间的一部分，也必须是城市生活的一部分。

龙美术馆西岸馆的公共性还体现在它不再是封闭内向型的美术馆空间模式，美术馆功能空间的配备，也更多地容纳了艺术品研究、艺术品商店、艺术培训、书店、图书馆、小音乐厅、餐厅、咖啡厅等更具开放性、更具公众参与性的公共空间，使艺术不再远离大众，而是参与到公众的日常生活中来，建筑设计上也有意将这些配套的功能从美术馆的内部翻至外部，并沿保留的“煤料斗”空间布置，从城市道路一直延展至江边的步道，甚至还专门设计了一个天桥，将美术馆带餐厅的的二层庭院和滨江高架步道相连，这样即使在美术馆闭馆后，人们还是可以自由穿越美术馆，甚至走到“煤料斗”的上面，在这里用餐、闲坐、徜徉、眺望，看船来船往、月涌江流。

1

1 / 伞拱结构

1 / 东南立面
2 / 总平面模型
3 / 室内空间模型

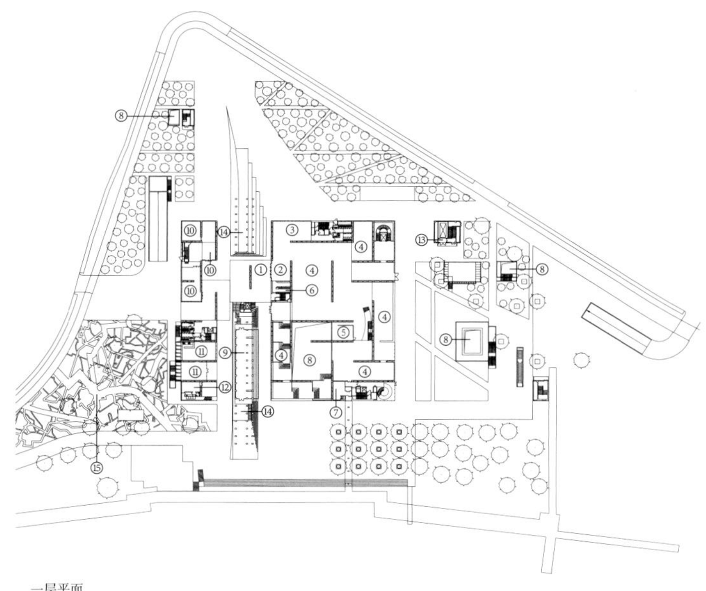

一层平面

① 美术馆门口
② 门厅
③ 商店
④ 当代艺术展厅
⑤ 影像室
⑥ 衣帽间
⑦ 服务间
⑧ 上空
⑨ 临时展厅
⑩ 艺术与设计品商店
⑪ 餐厅
⑫ 贵宾休息室
⑬ 货梯
⑭ 原煤料斗卸载桥
⑮ 徐震艺术作品：《运动场》

二层平面

① 当代艺术展厅
② 上空
③ 贵宾接待室
④ 咖啡厅
⑤ 江景餐厅
⑥ 厨房
⑦ 庭院
⑧ 平台
⑨ 天桥
⑩ 艺术与设计品商店
⑪ 多功能厅
⑫ 后台
⑬ 原煤料斗卸载桥

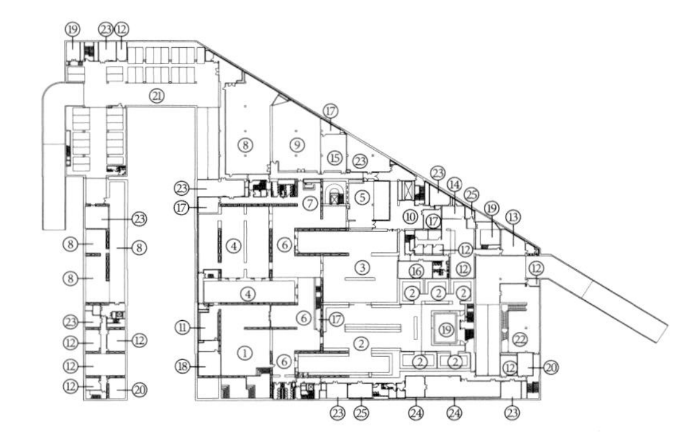

地下一层平面

① 当代艺术展厅
② 古代艺术展厅
③ 古代 / 近代艺术展厅
④ 现代艺术展厅
⑤ 儿童绘画展厅
⑥ 展廊
⑦ 休息区
⑧ 藏品库房
⑨ 临时库房
⑩ 卸货区
⑪ 阅览室
⑫ 办公室
⑬ 馆长室
⑭ 会议室
⑮ 修复室 / 摄影室
⑯ 图书档案室
⑰ 工具间
⑱ 储藏室
⑲ 下沉庭院
⑳ 安保 / 消防控制室
㉑ 机动车停车库
㉒ 自行车停车库
㉓ 空调机房
㉔ 变配电室
㉕ 设备机房

地下二层平面

① 机动车停车库
② 空调机房 / 风机房
③ 设备机房

1 2	3　4 5　6 7

1 / 入口门廊
2 / 煤料斗卸载桥与主体建筑间的通道
3 / 一层平面
4 / 二层平面
5 / 地下一层平面
6 / 地下二层平面
7 / 主入口门廊下南望

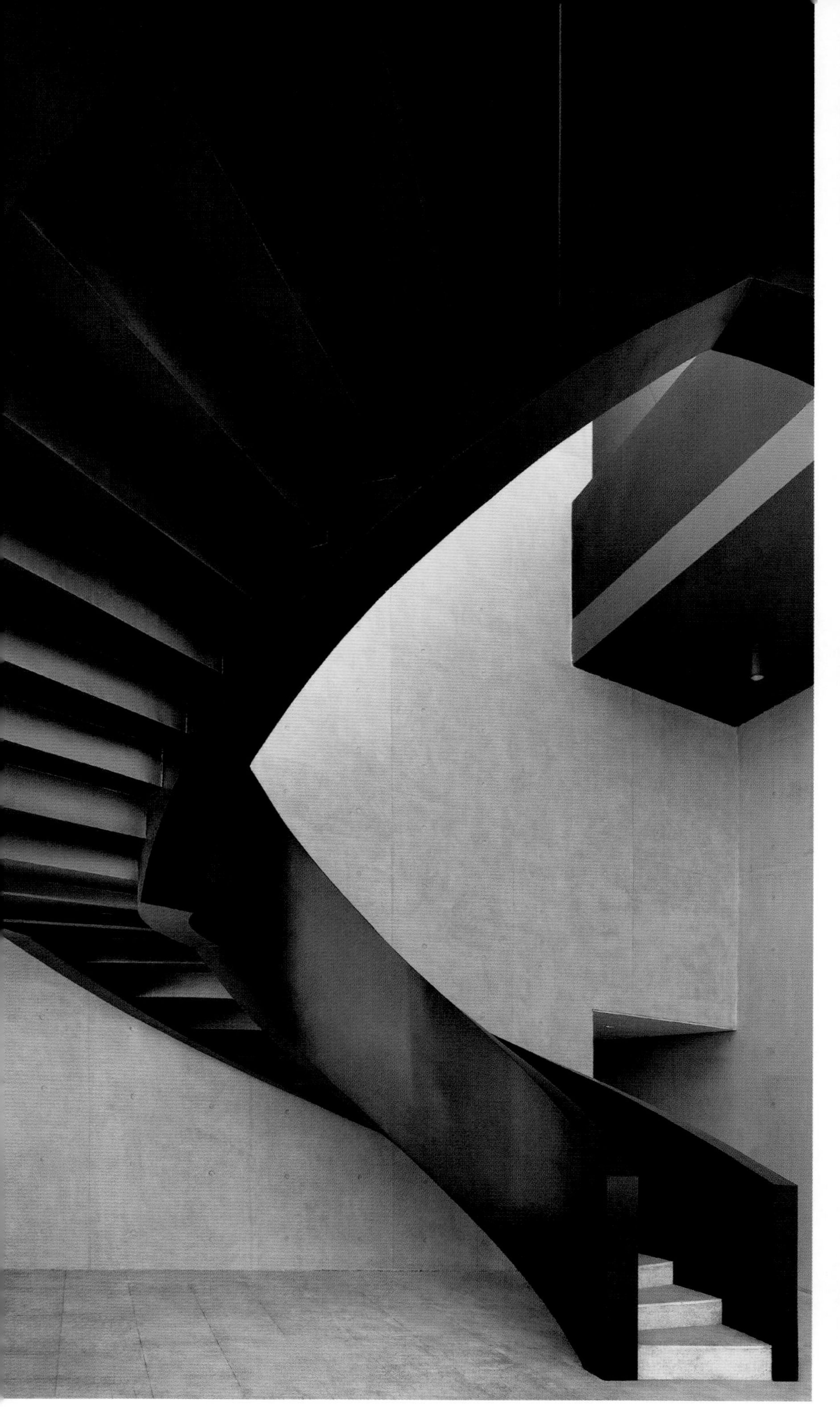

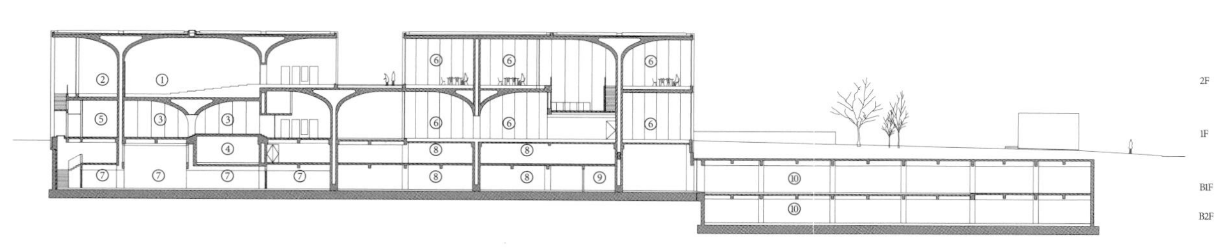

东南－西北剖面图

① 多功能厅
② 休息厅
③ 西餐厅
④ 厨房
⑤ 贵宾休息室
⑥ 艺术与设计品商店
⑦ 办公室
⑧ 藏品库房
⑨ 空调机房
⑩ 机动车停车库

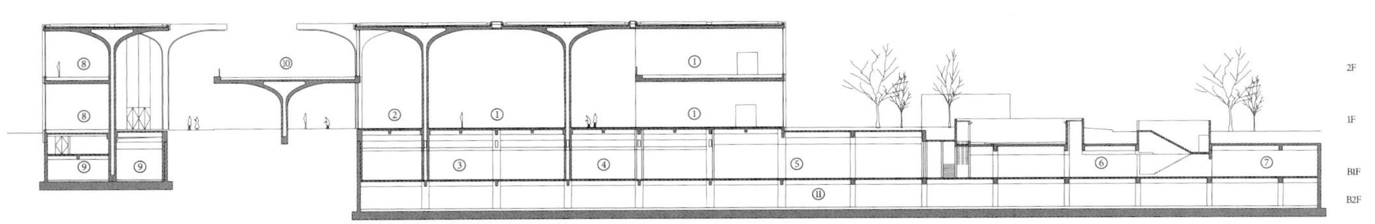

西南－东北剖面图

① 当代艺术展厅
② 门厅
③ 现代艺术展厅
④ 展廊
⑤ 近代艺术展厅
⑥ 办公室
⑦ 馆长室
⑧ 艺术与设计品商店
⑨ 藏品库房
⑩ 平台
⑪ 机动车停车库

1	2
3	4

1 / 楼梯
2 / 主入口
3, 4 / 剖面图

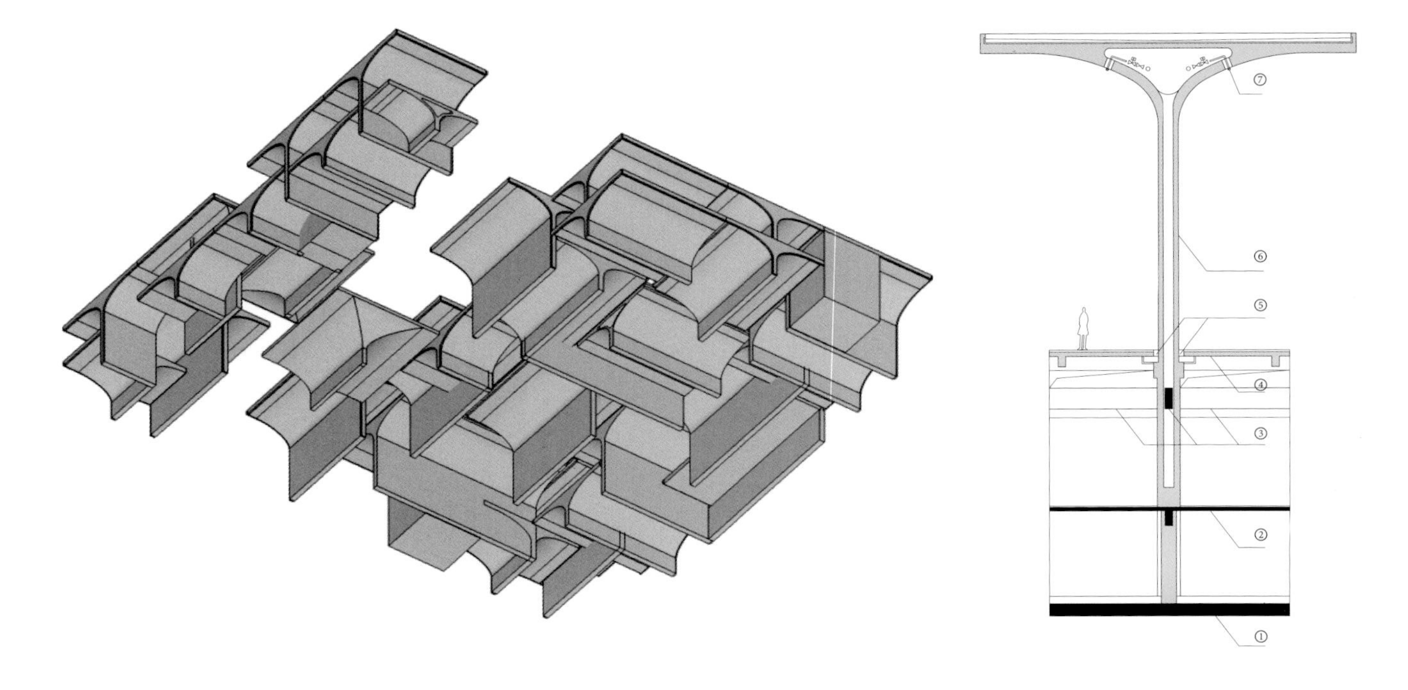

伞体单元
① 原地下室结构地板
② 原地下一层结构楼板
③ 原一层结构主梁
④ 新做一层结构楼板
⑤ 地面出风口
⑥ 新做混凝土结构伞体
⑦ 大空间喷淋喷头

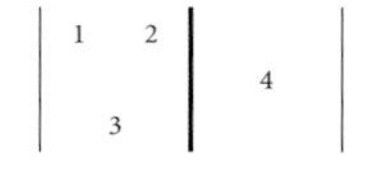

1 / 架构轴测
2 / 伞体单元
3 / 当代艺术展厅
4 / 伞拱结构

20% BLACK 20% 黑
5% WHITE 5% 白
UNIDENTIFIED OBJECT
No. OF
WEIGH
MATERIAL
PLACE OF FOUND
DATE OF FOUND
无身份物件 1996
THE SECOND HAND WATER - THE SECOND HAND REALITY
你到底可以扔多远? 1996
UNIDENTIFIED OBJECT 1996

1-3 / 当代艺术展览空间

地点 / 上海徐汇区龙腾大道 3398 号
建筑师 / 大舍（柳亦春、陈屹峰）
建筑设计小组 / 柳亦春、陈屹峰、王龙海、王伟实、伍正辉、王雪培、陈�

结构与机电工程师 / 同济大学建筑设计研究院（集团）有限公司
结构与机电设计小组 / 巢斯、张准、邵晓健、邵喆、张颖、石优、李伟江、匡星煜、周致励
照明设计 / 上海光语照明设计有限公司
建设单位 / 上海徐汇滨江开发投资建设有限公司
设计时间 / 2011 年 11 月 ~2012 年 7 月
建成时间 / 2014 年 3 月
建筑面积 / 33007 m²
用地面积 / 19337 m²
摄影 / 夏至

1 2 | 4
3 | 5

1–4 / 当代艺术展览空间
5 / 古代艺术展示空间与下沉式庭院

JIXI MUSEUM
绩溪博物馆

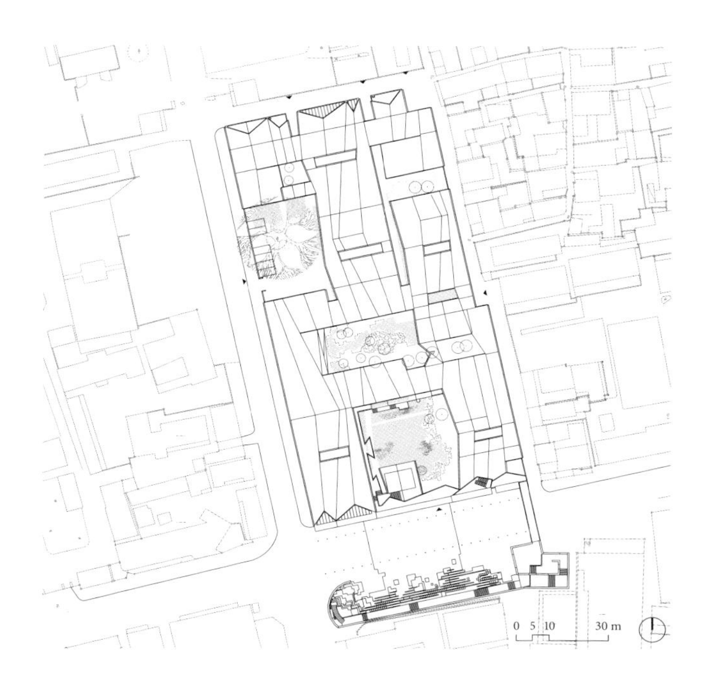

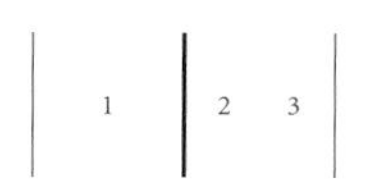

1 / 南立面局部
2 / 总平面图
3 / 俯瞰古镇里施工中的绩溪博物馆

绩溪博物馆位于安徽省绩溪县旧城北部，基址曾为县衙，后建为县政府大院，现因古城整体纳入保护修整规划，改变原有功能，改建为博物馆。包括展示空间、4D影院、观众服务、商铺、行政管理、库藏等功能，是一座中小型地方历史文化综合博物馆。

建筑设计基于对绩溪的地形环境、名称由来的考察和对徽派建筑与聚落的调查研究。整个建筑覆盖在一个连续的屋面之下，起伏的屋面轮廓和肌理仿佛绩溪周边山形水系，是唐代《元和郡县志》中描述的“北有乳溪，与徽溪相去一里，并流离而复合，有如绩焉”的“绩溪之形”的充分演绎和展现。待周边区域修整“改徽”——即当地政府对非徽派建筑进行改造、使其呈现徽派建筑风格的措施完成，古城风貌得以恢复后，建筑将与整个城市形态更加自然地融为一体。

为尽可能保留用地内的现状树木（特别是用地西北部一株700年树龄的古槐），建筑的整体布局中设置了多个庭院、天井和街巷，既营造出舒适宜人的室内外空间环境，也是徽派建筑空间布局的重释。建筑群落内沿着街巷设置有东西两条水圳，汇聚于主入口大庭院内的水面。建筑南侧设内向型的前广场——“明堂”，符合徽派民居的典型布局特征，同时也符合中国传统的“聚拢风水之气”的理念；主入口正对方位设置一组被抽象化的“假山”。围绕“明堂”、大门、水面有对市民开放的、立体的“观赏流线”，将游客引至建筑东南角的“观景台”，俯瞰建筑的屋面、庭院和秀美的远山。

规律性组合布置的三角屋架单元，其坡度源自当地建筑，并适应连续起伏的屋面形态；在适当采用当地传统建筑技术的同时，以灵活的方式使用砖、瓦等当地常见的建筑材料，并尝试使之呈现出当代感。

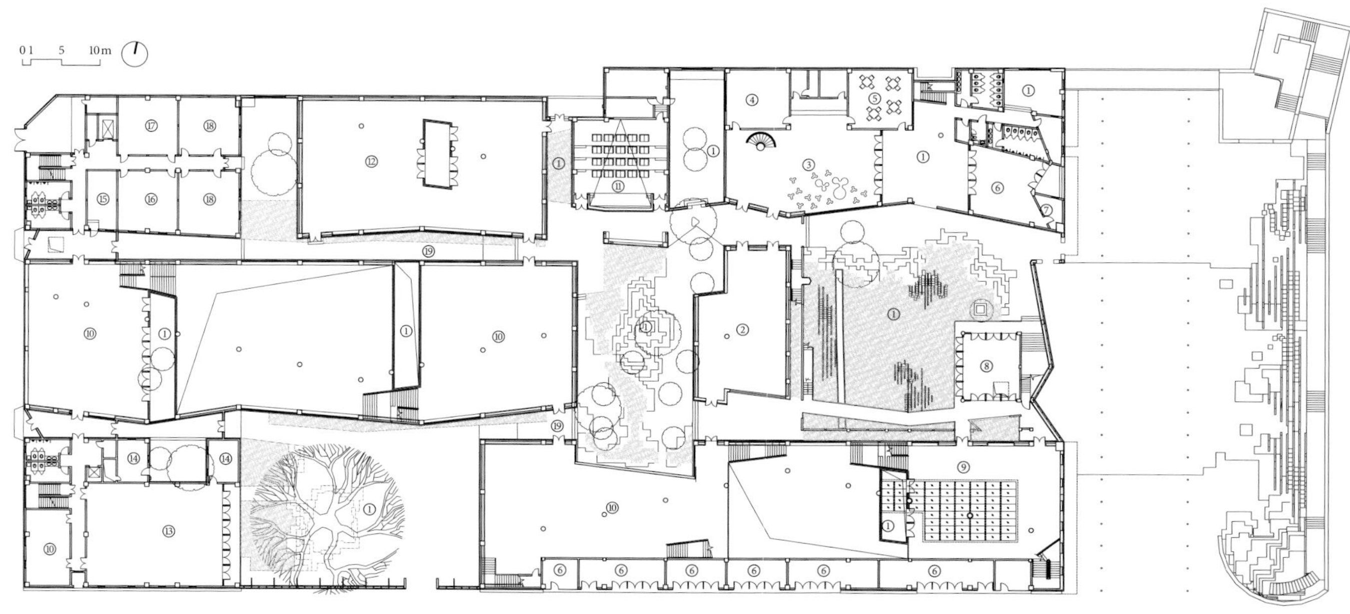
0 1 5 10m

① 庭院
② 序言厅
③ 接待厅
④ 贵宾厅
⑤ 教室
⑥ 商店
⑦ 售票
⑧ 茶亭
⑨ 保留县衙遗址
⑩ 展厅
⑪ 4D 影院
⑫ 临时展厅
⑬ 报告厅
⑭ 设备用房
⑮ 消防控制室
⑯ 技术和管理用房
⑰ 临时储藏
⑱ 藏品设施空间
⑲ 街巷

1 / 鸟瞰夜景
2 / 主庭院折桥
3 / 一层平面

1	2
	3

1 / 主庭院
2 / “山院”
3 / 古树庭院

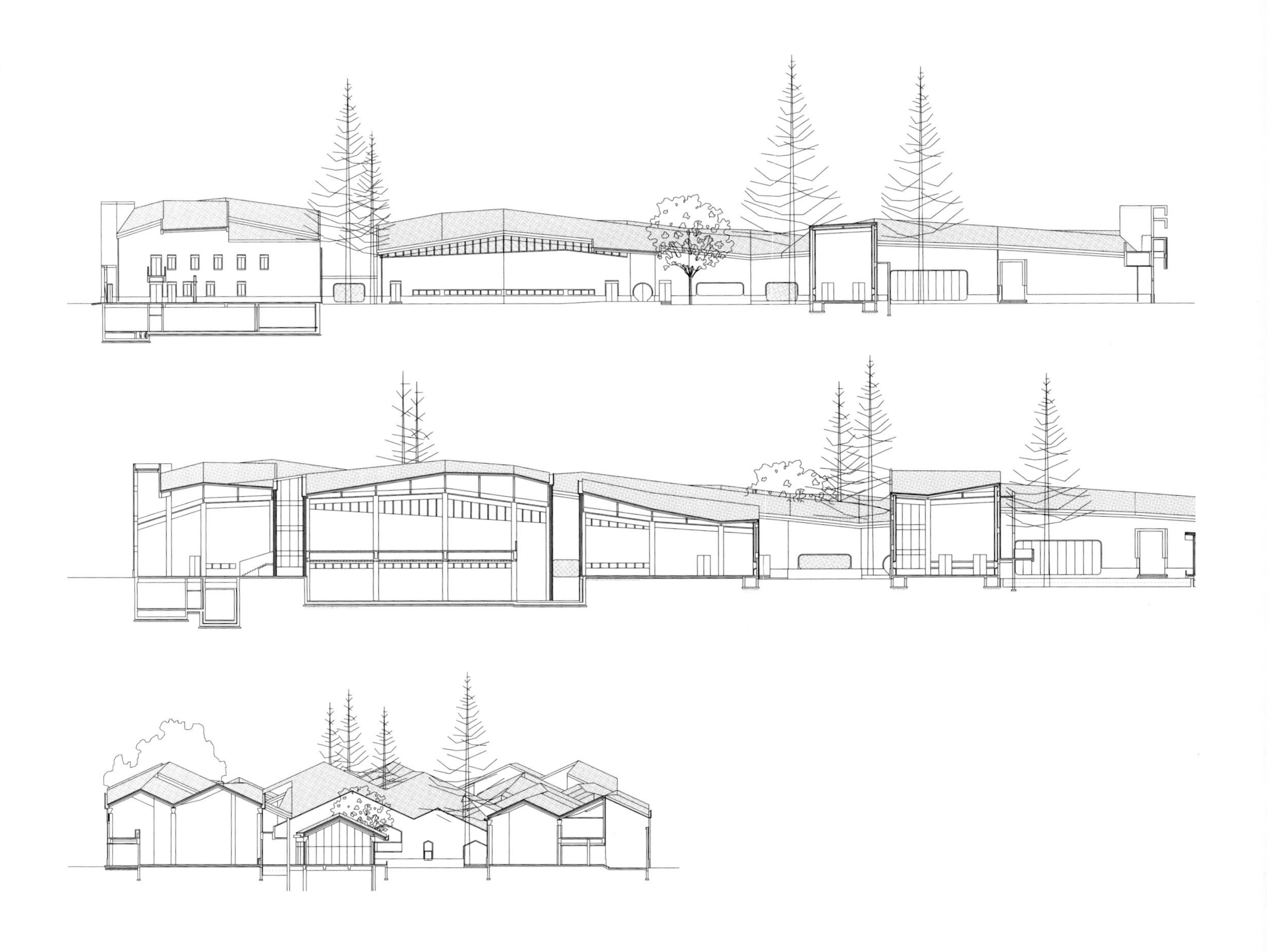

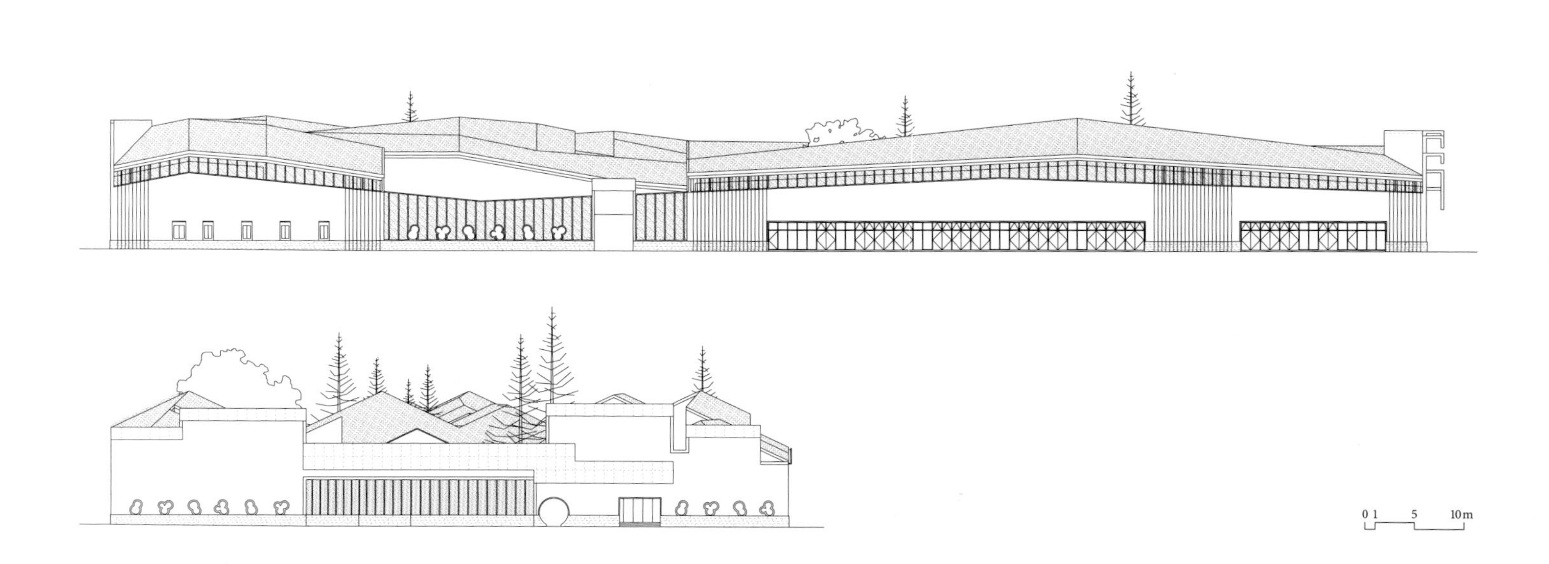
0 1 5 10m

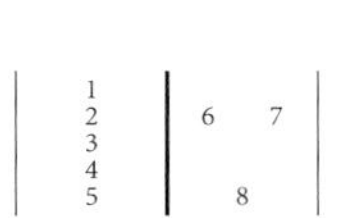

1–3 / 剖面图
4 / 西立面
5 / 南立面
6 / 过廊和保留的树
7 / 屋顶观景台
8 / “瓦窗”和通往游廊的台阶

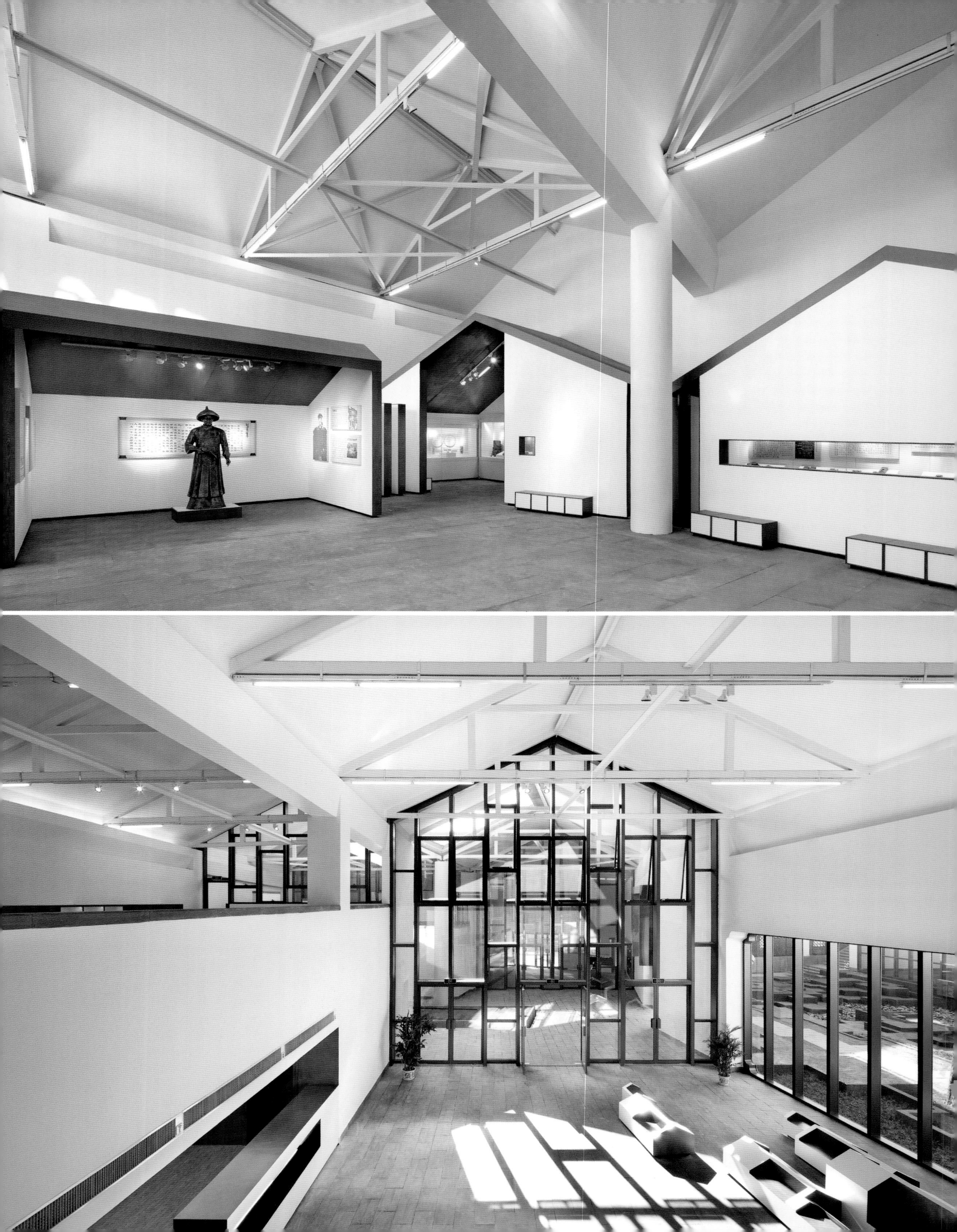

1 | 3
2 |

1 / 展厅室内
2 / 公共大厅室内
3 / 室内天井自然采光

地点 / 安徽绩溪
用地面积 / 9500 m^2
建筑面积 / 10003 m^2
设计团队 / 李兴钢、张音玄、张哲、邢迪、阎昱、张一婷、易灵洁、钟曼琳
结构设计 / 王立波、杨威、梁伟
景观设计 / 李力、于超
设计时间 / 2009 年 11 月 ~ 2010 年 12 月
竣工时间 / 2013 年 11 月
摄影 / 李兴钢、夏至、李哲

SHUIJINGFANG MUSEUM
水井街酒坊遗址博物馆

1

1 / 天井

水井街酒坊遗址位于四川省成都市锦江区水井街南侧，在府河与南河的交汇点以东，原为全兴酒厂的曲酒生产车间。1998年8月，全兴酒厂在此处改建厂房时，发现地下埋有古代酿酒遗迹，随后由四川省博物馆进行了考古调查，以确定遗址的分布范围。考古发掘工作时出土大量青花瓷片、晾堂的年代分属明代、清代，一直沿用到现代。

酒厂遗址的发现揭示了明清时代酿酒工艺的全过程，从发掘现场看，该遗址为“前店后坊”的布局形式，晾堂、酒窖、炉灶等是“后坊”遗迹；在酒坊旁边清理的街道路面及陶瓷饮食酒具，则是临街酒铺的遗物。综合政府、专家、有关部门等意见，为长期、有效地保护水井街酒坊遗址这一具有历史价值、科学价值和文化价值的文物遗产，同时可持续地保护并传承传统酿酒技艺，决定修建包括现场生产作坊在内的水井街酒坊遗址博物馆。

博物馆由中国建筑界享有盛誉的家琨建筑设计事务所担纲设计，沿袭了刘家琨设计所特有的沉静朴质气息，也体现了其一贯注重场地文脉的主张，在可持续设计方面亦加以考虑。整个设计采用与相邻街区近似的民居尺度，融入水井坊历史文化街区。新建的建筑环绕古作坊布局，以合抱的姿态对文物建筑进行烘托与保护。

沿街围墙顶上嵌着“水井坊博物馆”字样标识了其身份。围墙一端，竖向的围墙与水平延展的入口雨篷板干净利索地组织在一起。清水混凝土细柱的竖棱上做4个倒角，细柱顶直接与雨篷板无梁相接，清晰、平和而自信。另一端，原有酿酒工坊原址保留着，山墙直接与城市道路相邻，深浅各异的灰色直接表达出新旧关系。

新建筑没有用一个令人过目不忘的标志性造型来统帅全局，所有体量均被化整为零，与旧建筑尺度基本一致。新旧建筑一起，共同嵌合在这块历史街区内。川西传统街巷、院落空间被悄然“衍变”为不同的功能分区，交流展示区、窖藏区、新建厂房区、会所区连绵并置却又清晰地存在于此。现代的、传统的，新的、旧的，多样的空间、材料、构造，被不动声色地组织在一起，妥帖而融洽，没有声嘶力竭地想“表达”点什么。也许，在这样的特别地段，与周围气势逼人的庞然之物相邻，不动声色便是最好的策略。

建筑师严格地控制着材料的种类及其建构方式，并通过它们去表达设计态度。传统川西城镇中的青瓦、青砖、木窗、木门等典型元素，没有被直接模仿，而是被建筑师“衍变”为更恰当的现代性材料。传统的意蕴与颇为现代的形式在这里自然地熔炼在一起。值得一提的是，刘家琨在汶川地震后研制的“再生砖”在这里成为了建构的主角，这也是用再生砖建造完整建筑的第一例。灰黑色砖体内夹杂着红色、褐色的小碎屑，使得这砖体又有了更近一步的“细节”。砖被安放在墙体和室外地面，形成了整体的大色调。几个重要山墙位置砌筑为粗糙断砖面，其他墙体多为平整的机械切割面。不同表面质感紧密相连，形成了深浅不一的面。除了再生砖，瓦板岩、重竹、混凝土……在这里若隐若现地代表着那些传统的民居元素，仿佛在今天的语言讲述早年的故事。

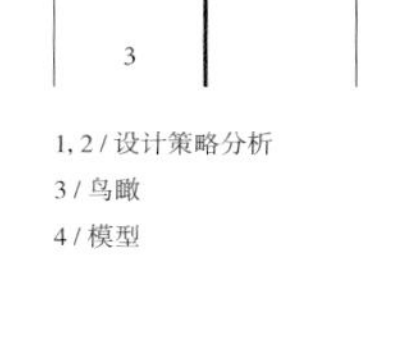

1, 2 / 设计策略分析
3 / 鸟瞰
4 / 模型

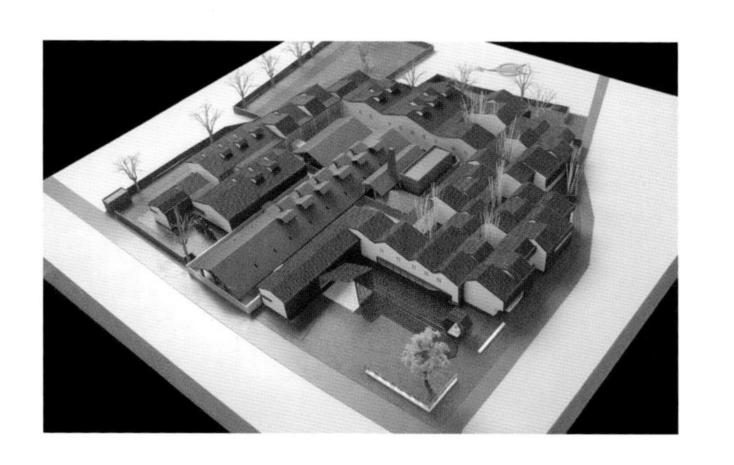

1 / 前院入口
2 / 设计策略分析
3 / 外立面
4 / 一层平面
5 / 二层平面

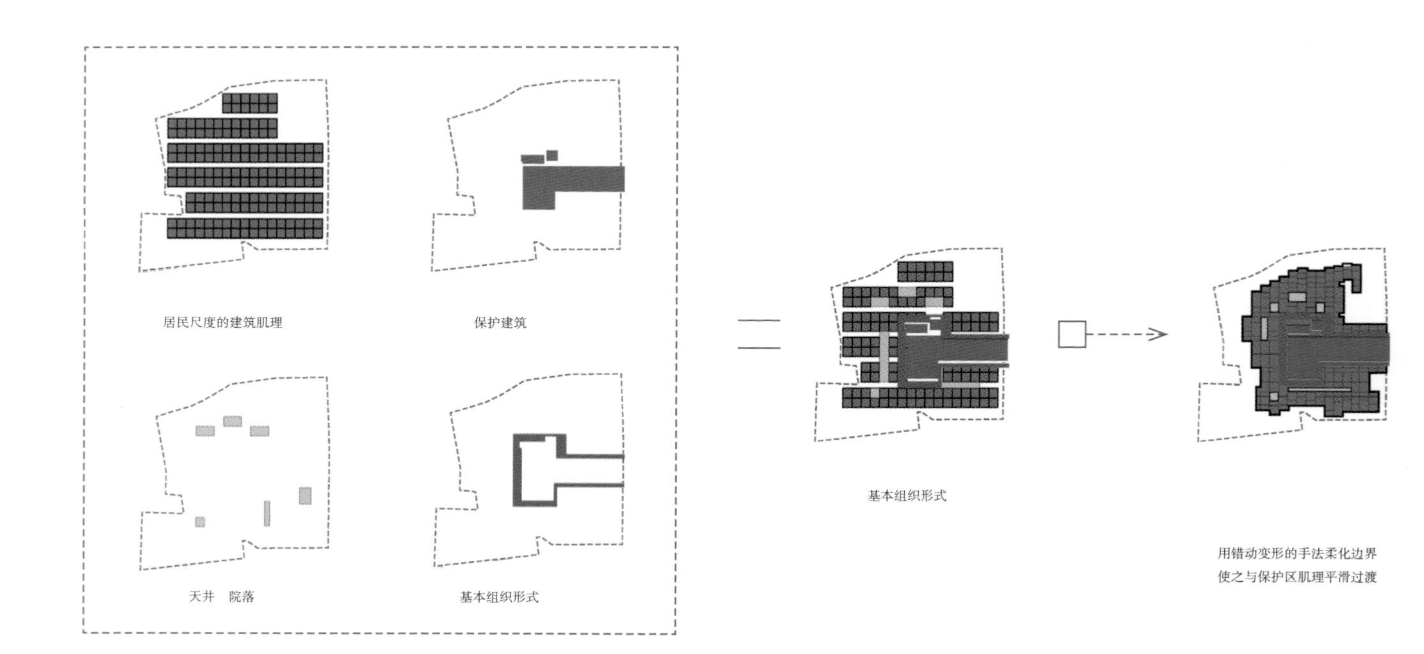

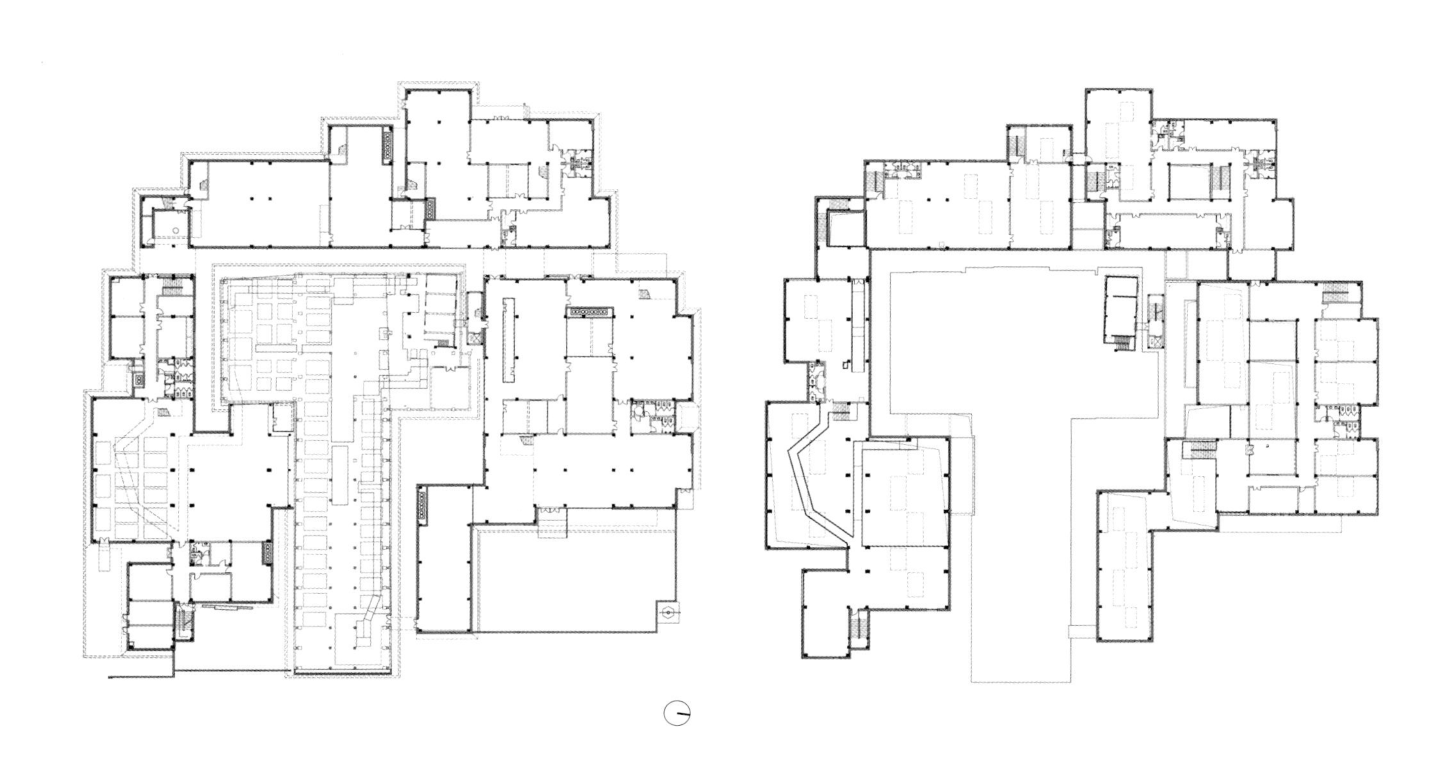

1 / 老厂房内部
2 / 再生砖和景观竹
3 / 新厂房内部

地点 / 四川省成都市锦江区水津街 17~23 号
基地面积 / 12148 m²
建筑面积 / 8670 m²
设计单位 / 家琨建筑设计事务所
主设计师 / 刘家琨
设计团队 / 蔡克非、华益、杨东
结构 / 钢筋混凝土框架
表现材料 / 再生砖、防腐重竹
设计时间 / 2008 年 8 月 ~ 2011 年 9 月
竣工时间 / 2011 年 9 月 ~ 2013 年 4 月
文字 / 银时
摄影 / 存在建筑

IMPRESSIONISTIC JIANGNAN

印象江南

1 / 东南向外观

南京的老城南，是指坐落于明城墙内的南京老城区最南端的一部分，它被从东水关流向水西门的内秦淮河贯穿。这里与后来一轮又一轮新的建筑融合在一起，并不会在今天的南京城区中显得突兀，反而有种岁月的层叠感与推进感。在这里，你可以捕捉到各个时代的建筑与气息，这种真实的“混搭”风格令这片土地成为具有真实、包容万象而颇具时代跳动气息的热土。但最近，这里又悄然发生了改变。

在一片错落层叠的青瓦屋面构成的海洋中，一座蓝灰色的金属体悄然矗立起来。这是由南京色织厂改造而成的“一院两馆”，包括互相连接的三幢建筑——金陵美术馆、南京书画院和老城南记忆馆，它们分别使用了三座厂房。

与老城南的整体风格不同，这座建筑非常现代，国际灰的建筑主体闪烁着银色的光泽，具有鲜明的线条和透明的外表，与周围旧建筑的沉闷与不透明形成了鲜明的反差。建筑师刘克成来自西安，“这座美术馆实际上是一个北方人对江南的印象，是印象江南，”他说，“江南可以有无数种解释，苏州人、南京人、上海人……都有自己对江南的印象，而我的江南印象也许更接近于吴冠中先生的抽象水墨画，它其实上就是这样一种黑白灰，是在蓝天映衬下的这样一种肌理、一种尺度和一种印象。”

据了解，改建前的南京色织厂很废旧，与周围老的历史街区相比有种突兀之感。如何将这些工业化的东西融入到周围的历史文化中，是此次设计师改建的要点。刘克成表示：“经过实地察看，原三座老厂房中最南面锯齿状的一层厂房不用改造，需要重点改造的就是靠北边三四层厂房。我们从金陵画派的水墨中获取了灵感，发现江南文化中最深层次的东西就像老门东历史街区的那些老街巷一样给人一种弯弯曲曲、无限延绵之感，渗透的是一种不断探索的精神。”

在老城南的地域背景下，刘克成并没有采取传统的青砖灰瓦的江南文化策略，而是使用了一种全新的“考古学策略”。他采用了穿孔金属板这种当代工业材料，这种全新材料的使用产生了新的建筑语言和建筑形式，也极好地体现了考古建筑学的特征。“旧有的厂房代表的是某种南京工业文明的历史，在设计上，我们也不能刻意地放弃当代文明。”刘克成表示，“其实我一直在寻求一种以当代的方式与历史建筑对话的这样一种途径，金属板这种材质不是老的历史街区具备的，所以它具有当代性，但是它所形成这种的肌理与尺度是来自于对历史街区的分析。”

金属板是种非常丰富的材料，建筑师采用了两种不同的色彩，一浅一深的两种金属板，而且在金属板的表面进行了反光处理，像镜面一样，使得金属板在晴天、阴天与雨天有不同的表现，同时来说，在向阳、背阳，一天的不同时间都有不同的表现。这个变化的表皮已经形成了一种与历史街区丰富的与动态的关系，调和了一个老的工业建筑与南京老城南历史建筑之间的关系，产生介于透明与不透明、半透明之间的半透明关系。从远处看，这块立面会有不同的深浅，营造出灰、黑、白三色，就像一种抽象艺术下的砖、瓦、街巷，同时，它还展现了江南文化中绵绵延延之感，如果与老街区放在一起看，就像弯弯曲曲的街巷最终都汇集到了建筑上边。

ZOOMLION
建六通南

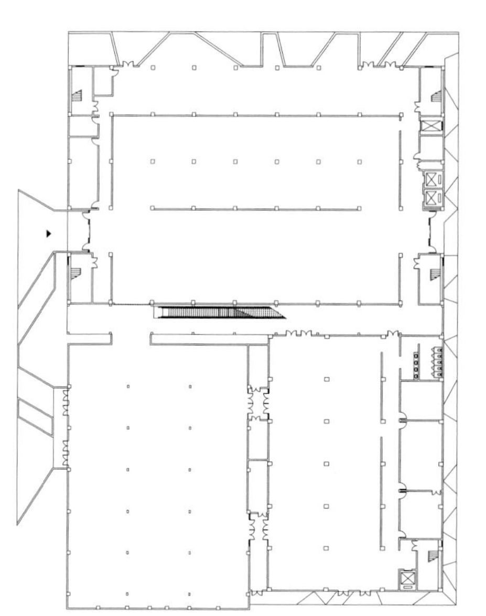

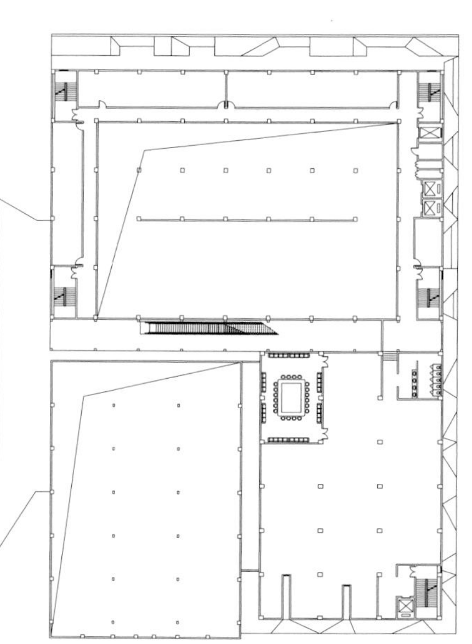

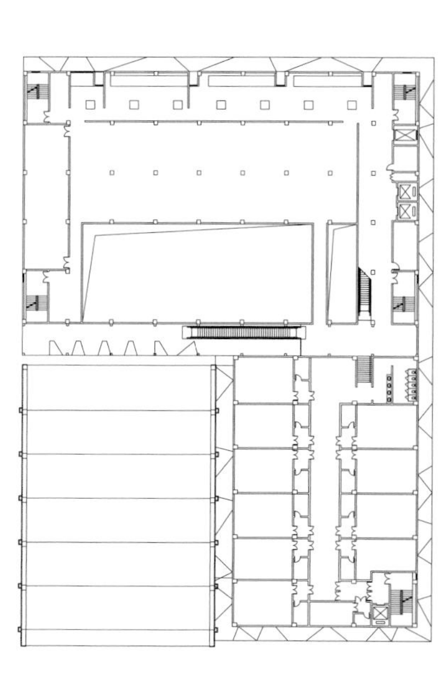

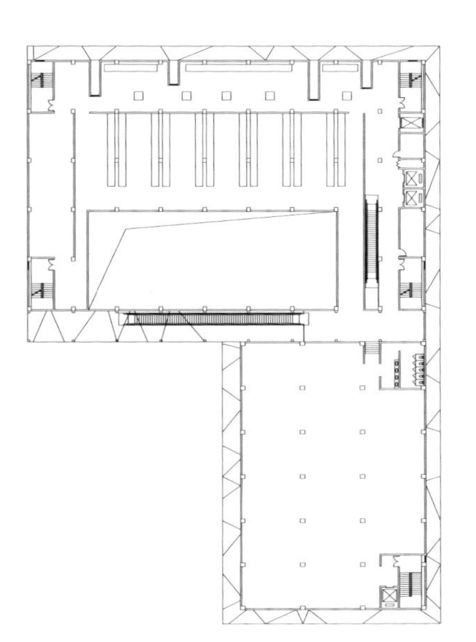

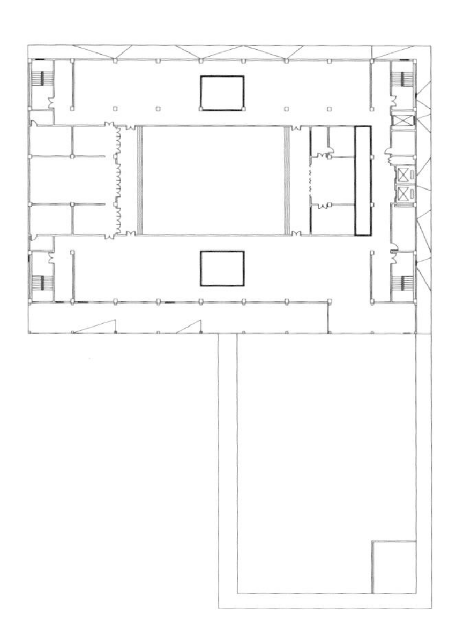

0 3 15 30 m

1 / 建筑与周边关系
2 / 一层平面
3 / 4.3m 标高平面
4 / 7.4m 标高平面
5 / 12.5m 标高平面
6 / 17.5m 标高平面

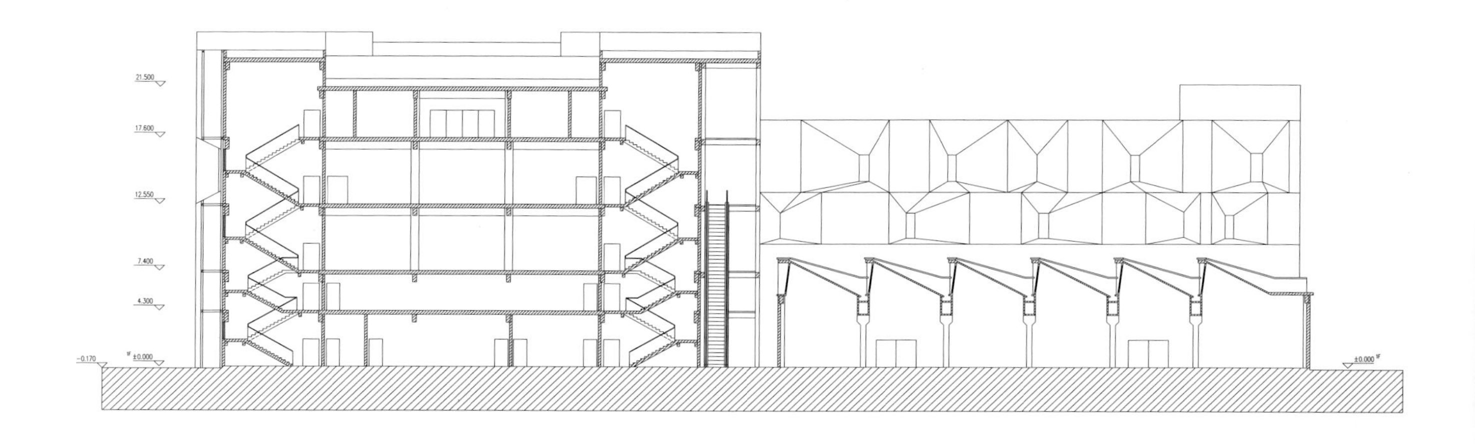

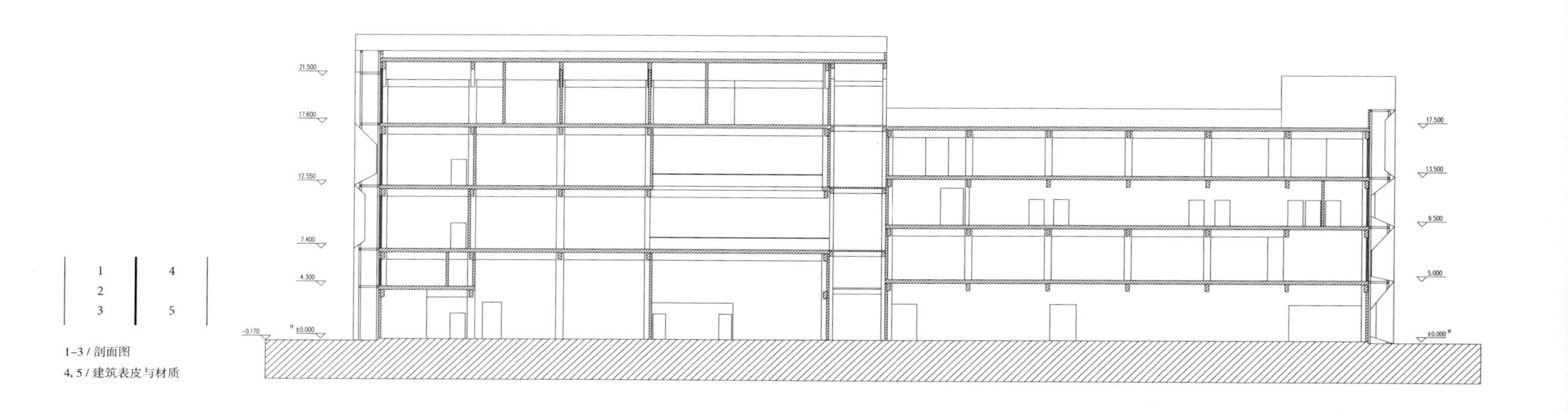

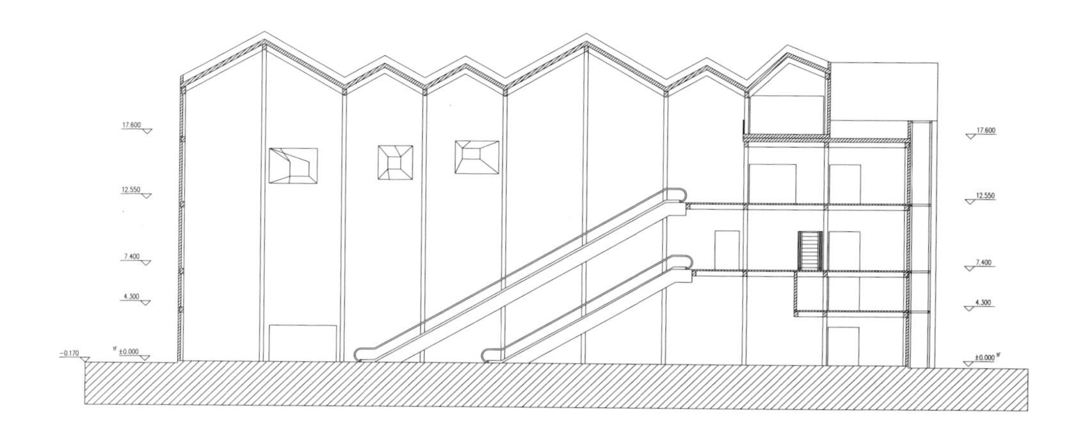

1	4
2	
3	5

1–3 / 剖面图
4, 5 / 建筑表皮与材质

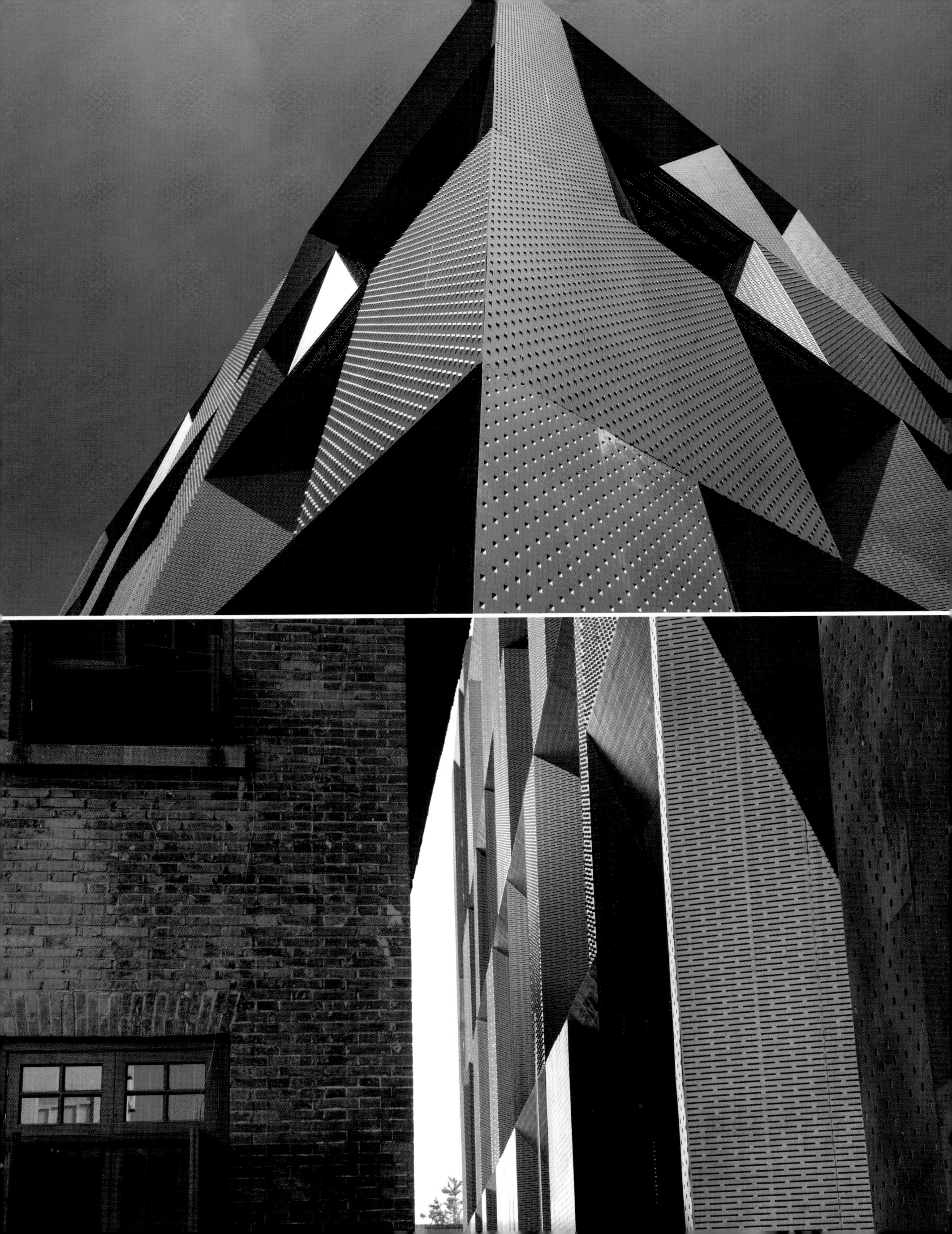

1 / 厂房局部
2 / 建筑局部
3 / 西南角实景

地点 / 江苏南京市秦淮区剪子巷 50 号
项目功能 / 展示、办公、文创
用地面积 / 4424 m²
建筑面积 / 12974 m²
主持设计 / 刘克成、肖莉
建筑设计 / 裴钊、吴超、同庆楠、王文韬、袁方、林晓丹、董婧、杨盾
设计时间 / 2011 年 10 月
竣工时间 / 2013 年 10 月
文字 / 徐明怡
图片提供 / 刘克成工作室

RED BRICK ART MUSEUM
红砖美术馆

位于北京市朝阳区国际艺术园的红砖美术馆是该区域的地标性建筑，由著名建筑师、北京大学建筑研究中心教授董豫赣担纲设计，于2014年5月正式对外开放。

红砖美术馆包括6000m^{2}的建筑和8000m^{2}的庭园。主体建筑方面，在地上部分设有8个展示空间，包括3个集儿童活动、公共教育等功能在内的休闲空间、1个接待大厅、1个艺术衍生品空间；地下一层配有3间适用于影像作品(资料论坛图库)的放映室；而院内部分则设置有学术报告厅、餐厅、咖啡厅、会员俱乐部等配套功能区域。

建筑师的设计策略，是力求与周边环境相结合，在原有文脉中生长，采用红色砖块作为基本元素，辅以部分建筑上青砖的使用，打造出一座配备有当代山水庭院的园林式美术馆。作为对西方建筑与景观专业分离的批判，红砖美术馆以其独特的构造及表现将建筑与庭园设计分三部分展开：首先，以中国古典审美价值取向对"巧思"的要求，将原有大棚的简陋空间，改造为意象密集的美术馆展示空间;其次，为改观当代景观图案式设计的乏味，借鉴中国园林长达千年的城市山林的经验，并尝试经营出可行、可望、可居、可游的园林意象；最后，作为对封闭美术馆与北部山林间的过渡，庭院部分的设计尝试着将生活场景更准确地表达出来，并以此庭院连接南北，合而为一。

建筑原貌简陋而巨大，外墙改造是建筑师面临的最大挑战。临街墙面均匀分布着6m高的洞口，将内部墙壁侵蚀得不成样子，简易钢架棚顶上，贯穿南北的条形天窗，虽是光线充足，但直射的阳光和投影却与美术馆空间所要求的封闭展墙及照耀展墙的匀光背道而驰。设计师既要满足业主不压缩主展厅的要求，又要保证在展廊看画的合适距离。最终，设计师用形同折屏的墙体折线，在洞口内穿行转折，未改动原有洞口，却得到双倍面积的展墙，以及分隔出的三角形区域内的良好顶光。

美术馆的入口廊道作为灰空间使室内外得以柔和过渡，入口正中的钢化玻璃夹在两块厚度近600mm的红砖墙面上，产生强烈的材质对比。当参观者从外部走进入口空间，室内较暗的光线使得玻璃犹如一面镜子，映出参观者的身影。而当自动门缓缓打开，进入内部，截然不同的空间扑面而来，令人们的心绪沉静下来。这种神圣而又肃穆的基调在美术馆起点处便做了铺垫，使得人们能静下心来欣赏馆内展品。

作为以装修报批的项目，这个9m净高的空间能从上

1 / 小教庭十字架夜景

下两个方向拓展空间。由于各种条件的限制，这种空间拓展最终得到了两个结果——高出地面 1m 多高的梁高表面，以及低于地平 3m 多高的地下空间。门厅中间的圆形下沉空间，可用作发布厅。两层的通高空间增加了建筑在竖向的深度，亦是对中式庭院的回应。另一边作为下行报告厅的巨大楼梯平台，摹拟了希腊剧场的意象，建筑师改造了下沉踏步的错落高差，使其可以用作人群散座；抬高到人视高度的小方厅，也能视为上行夹层的楼梯平台，其功能实则是小型展厅。这座方厅上挂的展墙与举高的地面脱开一条通缝，建筑师希望这一道缝隙间露出的内部观展观者的下半截身体，能激起大厅内观众的好奇心，入内一观究竟。

外部的园林庭院作为美术馆与北部园林中过渡的地带，地形狭长，其技术性的要求是必须有 4m 的消防通道与尽端的 12m 见方的回车场。建筑师将回车场用方庭的形态呈现出来，且于周围散植林木藤萝，以弥补回车场间难以植树的缺憾。后庭中段，为了遮蔽周边别墅的霓虹灯干扰，根据狭长的地形而置入一个狭长的“小教庭”——因其东部有基督教堂典型的巴西利卡平面，西部有抽砖成空的红砖十字照壁，建筑师就赋予它这个称号。

在红砖美术馆，参观者不仅能够观看到室内的作品展出，亦可游弋于户外各种景观之中。独特的建筑语言和创新的园林景观为当代艺术与文化的发生、碰撞、呈现，提供了不同于传统美术馆的多种可能性。

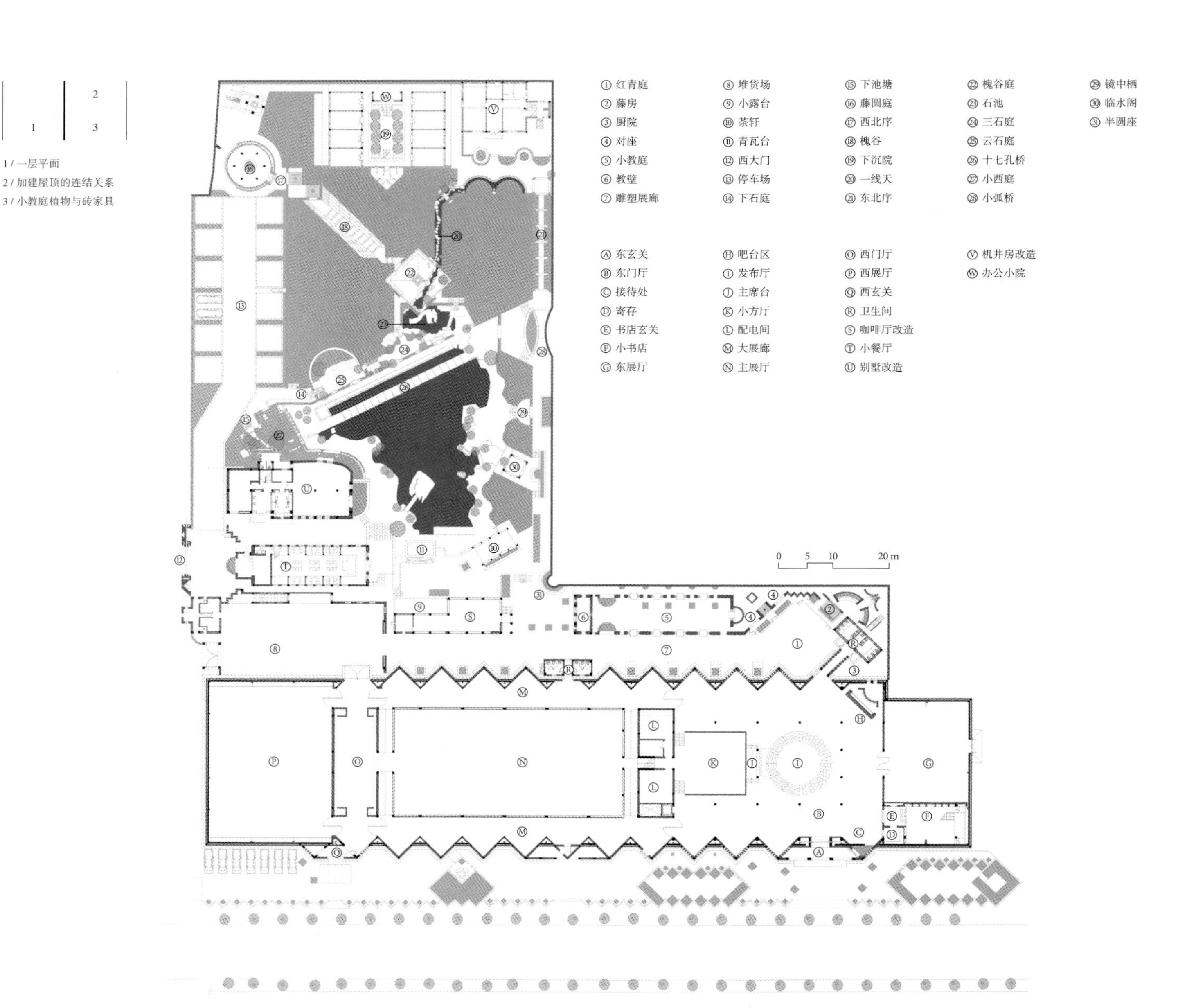

1 / 一层平面
2 / 加建屋顶的连结关系
3 / 小教庭植物与砖家具

1 / 门厅钢楼梯与砖踏步的南部关系
2 / 悬挂钢梯背面
3 / 门厅角部吧台改造前
4 / 群柱空间与方圆体量
5 / 抬高小方厅与圆厅下沉关系

1 / 槐谷槐荫
2 / 后庭墙上门空框景
3 / 一线天石洞訂步
4 / 后庭槐序

地点 / 北京市顺义区孙河乡顺白路一号地国际艺术园
基地面积 / 3900 m²
总建筑面积 / 6000 m²
设计时间 / 2007 年
竣工时间 / 2012 年
项目建筑师 / 董豫赣
设计团队 / 董豫赣、都林国际设计公司肖昂（施工图合作）
室内设计 / 董豫赣、闫士杰、曹梅
摄影 / 万露、董豫赣、王娟、邢宇

NANJING WANJINGYUAN GARDEN CHAPEL

南京万景园小教堂

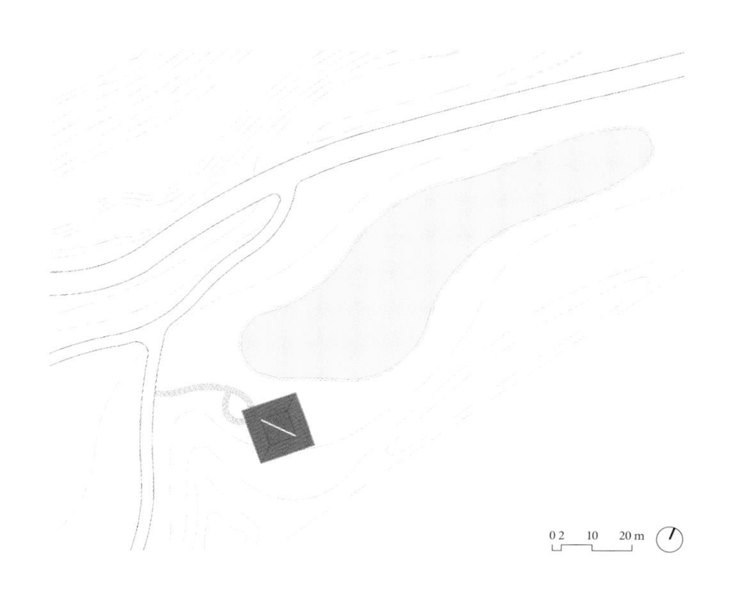

1 / 入口夜景透视
2 / 总平面

在传统的教堂建筑中，建筑师往往凭借巨大的尺度来营造距离感和塑造神的意象，哥特式的教堂在此曾经达到一种巅峰状态。但这种庄严正经的风格早已不再是现代教堂的调调，众多建筑大师也因设计出独树一帜的教堂而一举成名，如柯布西耶的朗香教堂、阿尔瓦·阿尔托的三十字教堂、安藤忠雄的“光之教堂”。多数新建教堂都不再拘泥于传统教堂的惯有形式，而是注重宗教气氛的创造。

来自南京的建筑师张雷就在南京市河西新城创造了一个洋溢着温情的小型教堂，这座现代小教堂并没有履行传统的巨大尺度，让人心生敬畏，相反，宗教在这里成为沁人心脾的温泉，人与神之间亦展开了一种新的平等的对话方式。$200m^2$ 的规模让它显得小巧而精致，两个三角形状的外立面组合在一起，形成了一个对称的蝶形屋顶造型。竖向的木质格栅几乎成为立面的唯一元素，给予了教堂非常简洁单纯的形象，配上屋顶的黑色木瓦显得精致富有层次，在水中倒影的映衬下体现出内敛平和的东方气质。目前，该教堂由南京联合神学院的牧师负责主持，提供如礼拜、婚礼等宗教活动服务。

张雷是国内最早的一批实验建筑师之一，多年来，他的建筑作品一直带有鲜明的个人特色，他的设计中所要表达的是几何与非几何、强烈与孱弱、清晰与模糊。这是一种对立关系的统一体现。“我把这种对立与统一称为：简单的复杂性、熟悉的陌生感。看似很简单，但是内容和含义很丰富；貌似很熟悉，却又隐藏着一定的神秘感。”张雷说，“这是非常东方的想法。西方思维强调理性，非黑即白。而东方思维能够把一个完全对立的东西，用一种方式表达出来。”

万景园小教堂的施工周期仅为 45 天，这在建造史上也算是个案。面对如此紧张的工期和有限的造价，“轻”建造策略是张雷的选择。他认为，这是最简单而直观的解决方式。“把复杂的东西都过滤掉，用最简单的方式回应复杂的需求，一针见血是最好的。”脉络清晰的折板屋顶钢木结构，配合“光”这种“廉价”的素材，为动感和张力的空间赋予了丰富的表现力。内部的所有表面涂饰白色，把主角让给空间和光。外部所有的材料：木质格栅、沥青瓦屋面保持原色并等待时间的印记，把主角让给大自然。

在整个构造体系中，用于“包装”的木格栅显然是最为突出的表现，这也是建筑师最费心经营的部分。木格栅的表皮仿佛是给建筑穿上了件衣服，塑造出了愉悦、轻而有质感的效果。这是个材料和安装都极其简明的钢木张拉结构。木条精致轻盈，有着如锦缎般的质感，大大超出了其本身结构受力的日常经验。其长度最大达到 12m，截面仅 38 × 89mm，由上下两端的金属件连接屋顶和地面，让木材保持其擅长的受拉状态（其拉力对于提高轻质屋面的稳定性也很重要）；相邻木格栅条之间又被不易察觉的 U 形金属构件相连，获得构件的稳定性和安装精度。

显然，张雷并不会满足于一个抽象而静态的方盒子，那种表面的“朦胧”感是他所不屑的，他喜欢将含蓄与迷离隐藏在那些不经意中，形成种复杂的暧昧。在保持这个小教堂空间纯粹性的同时，张雷做出了一个令人吃惊而又极其简明的操作——将平面中暗藏的对角线延伸到屋顶结构。这个操作被以同样的逻辑使用了两次：顶面南北向的对角线下移，底面东西向的对角线上移，二者形成的斜面在建筑高度的中间三分之一段重合。由此产生精致折板屋面，同样是空间、力、材料的高度统一。

并非只有高耸入云如通天塔般的教堂才能获取上帝的青睐。在基督教神学的思想中，“光”所指代的便是耶稣。张雷此次就抛弃了引向天空的塔楼，牢牢抓住了这个神学精髓——“光”，让人与神于此地此刻相聚融合，营造出一个充满神秘宗教力量的内部空间。他解释道：“光是这座教堂空间内用以表达宗教力量的重要主题元素。”

这座非传统的现代主义教堂简洁明快，建筑的木质结构直接反应到教堂内部，同时，被赋予了最圣洁的白色，对称的形式加上略带变化的韵律感带来了神圣的美感。整个设计最为巧妙之处在于其独特的回廊空间，这个回廊解决了组织各功能部分的交通，更重要的是形成了主厅空间的双层外壳。设计团队认为，静谧的 SPF 格栅外壳，既是外部风景的过滤器，又意味着内部宗教体验的开始，而封闭的内壳，则是为了凸显教堂顶部和圣坛墙面专门设计的光带照进来的纯净天光效果。

在这里，光，很单纯，她仿佛成为了上帝的启示，准确无误地从屋顶的窄缝中投向下方主厅座席中央，而除此之外的其他自然光则小心翼翼地通过格栅温柔的地渗入主厅封闭墙体上精心布置的开口，不着痕迹地照亮了这个屋顶精致的结构纹理。人工光源的设置除了照度的基本需求，其布置的重要原则是以木框架屋顶为反射面。无论在室内和室外，人工光线都让人感觉翼形折板屋面结构本身作为一个具有奇妙纹理的发光体，覆盖整个教堂空间。

1 / 轴测分解图
2 / 回廊细部
3 / 回廊
4 / 木格栅细部
5 / 东北立面透视

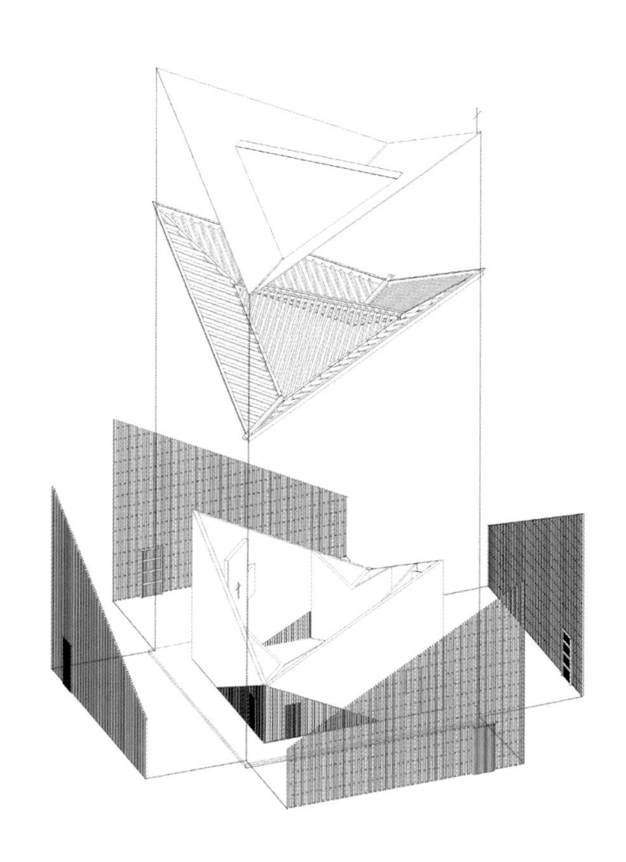

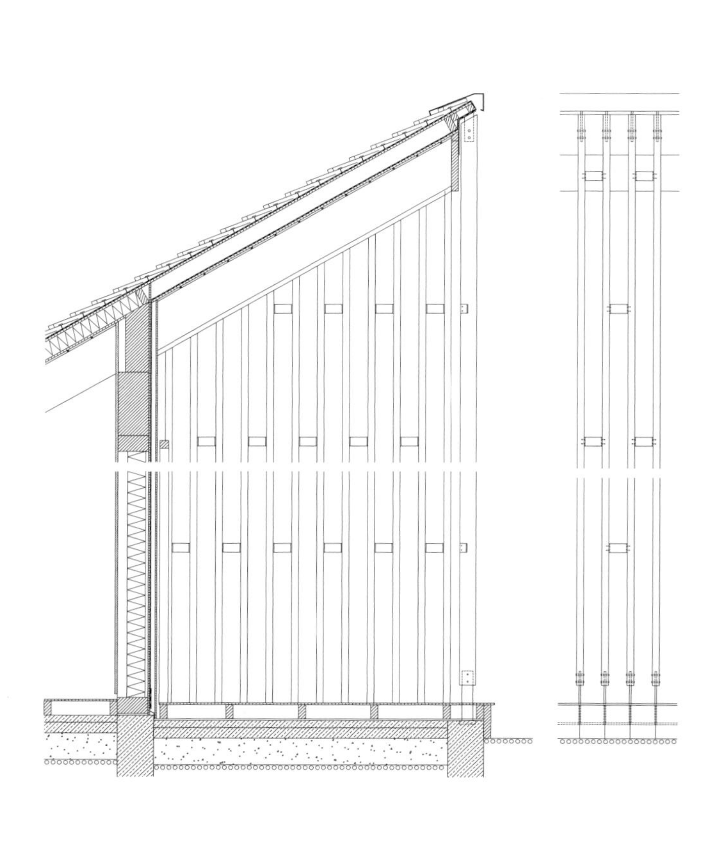

① 38 / 89 mm SPF 木格栅
② 外墙构造：
15 mm 石膏板
墙体龙骨
15 mm 石膏板
③ 38 / 89 mm SPF 木十字架
④ 隐框玻璃
⑤ 白色教堂椅
⑥ 白色木地板
⑦ 原色木地板
⑧ ф 70 / 230 mm 黑色壁灯

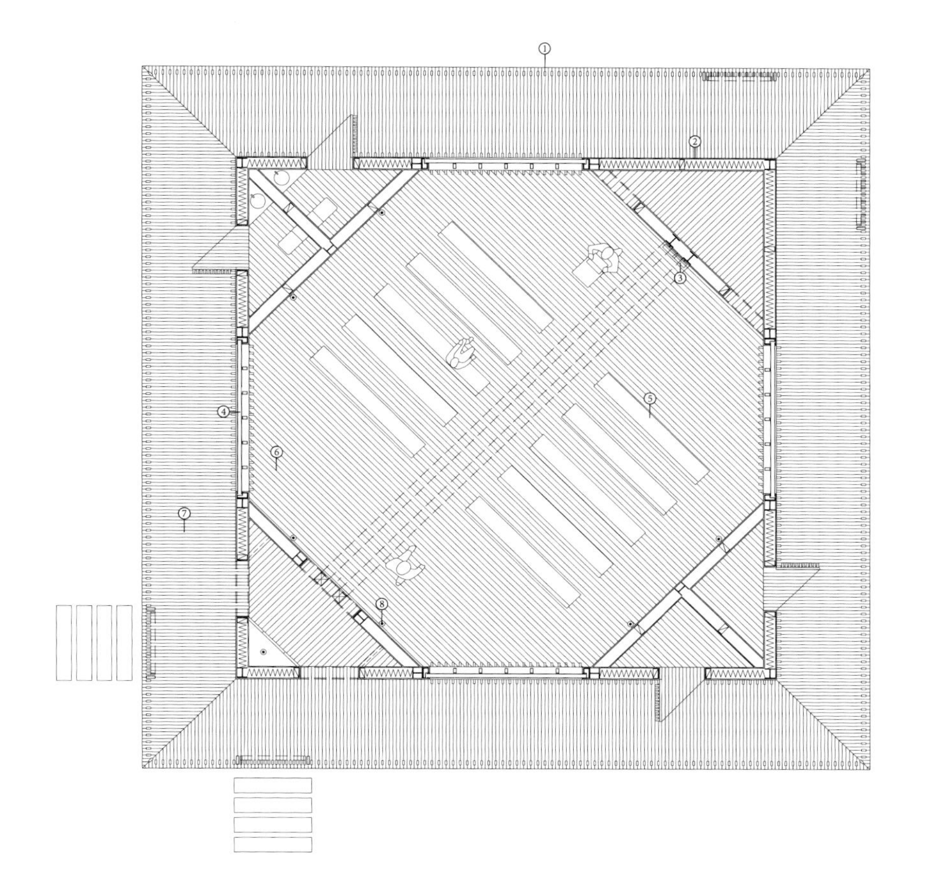

1 / 沿湖透视
2 / 平面图
3 / 剖面图

① 玻璃天窗
② 屋面构造：
深灰色沥青瓦
12 mm 定向刨花板
38 / 89 mm 木龙骨
15 mm 刨花板
木桁架
③ 38 / 89 mm SPF 木十字架
④ 镀锌成品天沟
⑤ 38 / 89 mm SPF 木格栅
⑥ 地面构造：
10 mm 防腐木地板
50/100 mm 木龙骨
40 mm 细石混凝土
150 mm 碎石夯实
素土夯实

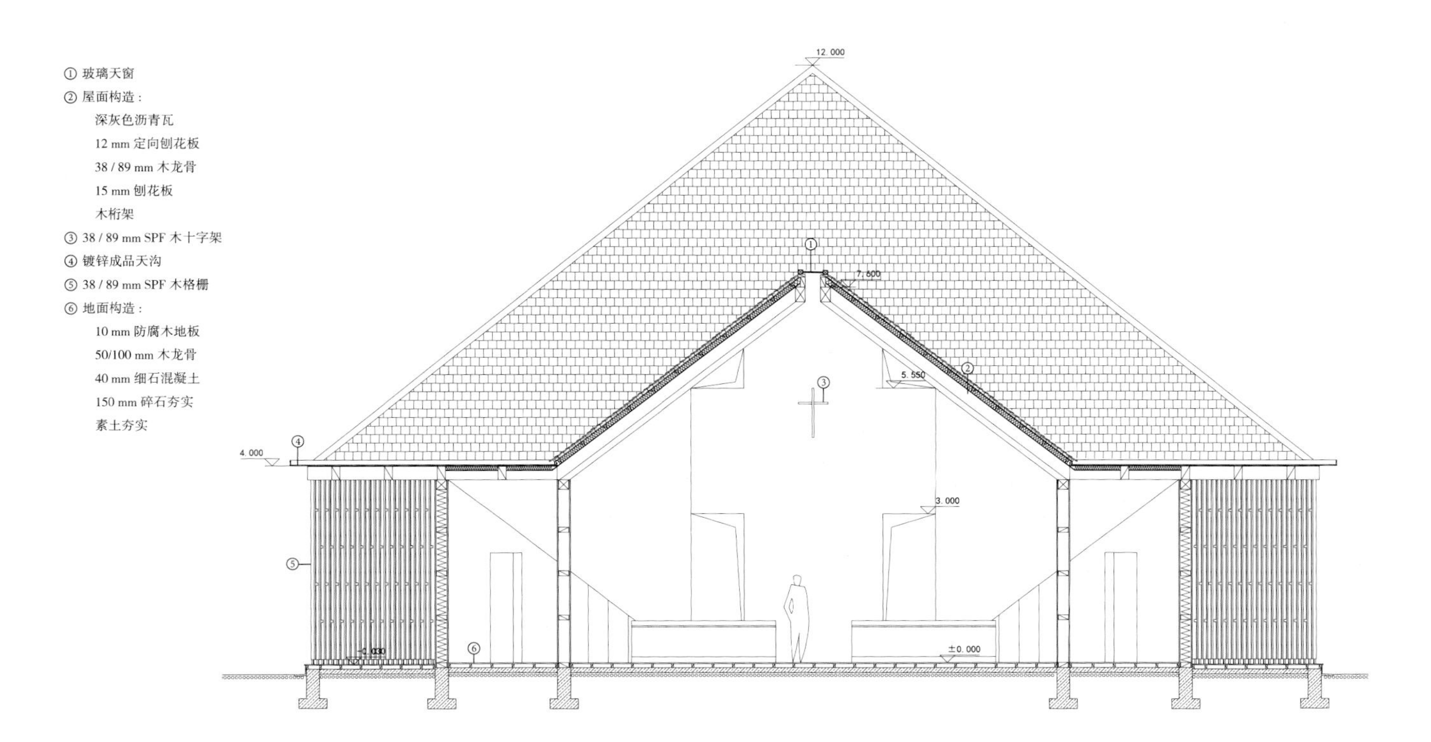

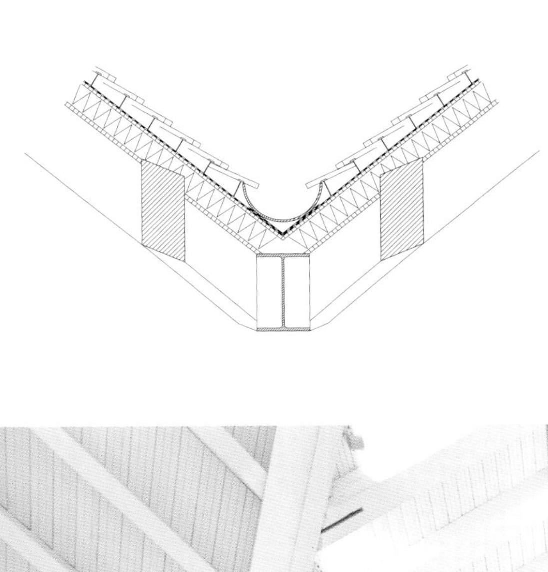

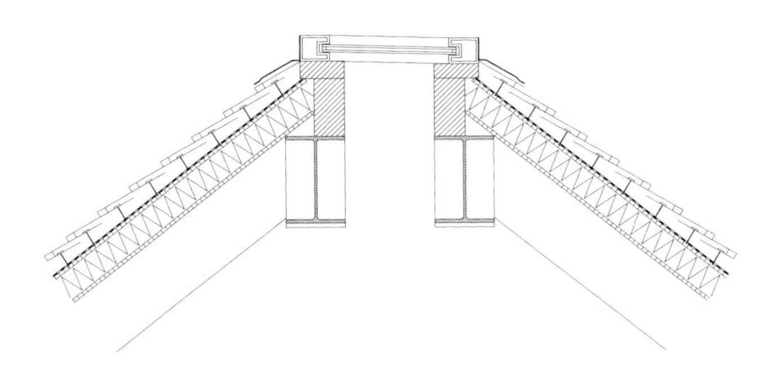

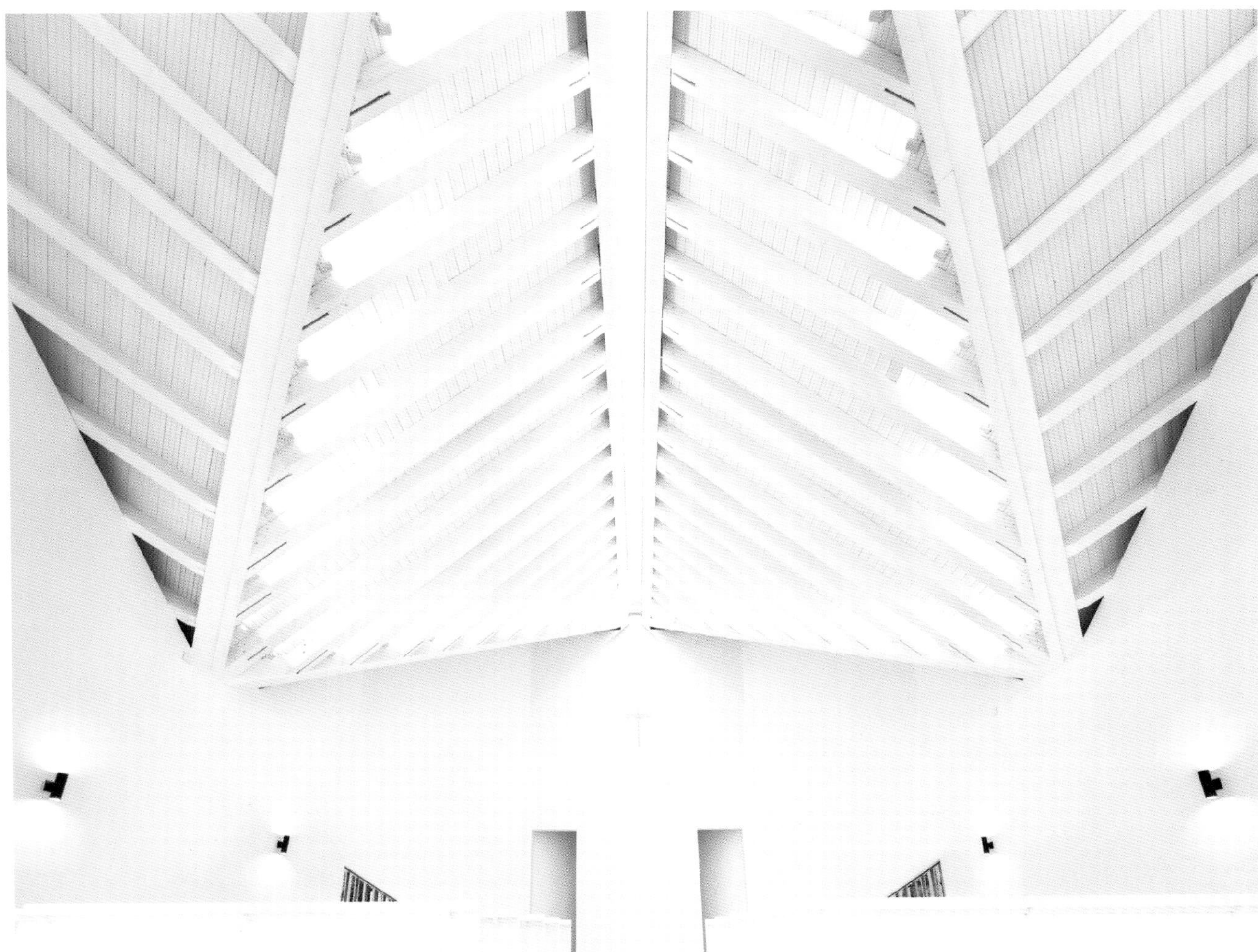

1 / 大厅室内，侧视
2 / 天沟细部
3 / 天窗细部
4 / 大厅室内，前视
5 / 大厅室内，仰视

地点 / 江苏南京
面积 / 200 m²
设计时间 / 2014 年
竣工时间 / 2014 年 7 月 31 日
设计单位 / 张雷联合建筑事务所
合作单位 / 南京大学建筑规划设计研究院有限公司
项目建筑师 / 张雷
设计团队 / 张雷、王莹、金鑫、曹永山、杭晓萌、黄龙辉
文字 / 徐明怡
摄影 / 姚力

KINDERGARTEN IN SHANGHAI INTERNATIONAL AUTOMOBILE CITY

上海国际汽车城东方瑞仕幼儿园

安亭镇位于上海市西北郊，是以轿车工业和轿车生产配套工业为主的现代化综合性工业城。作为上海国际汽车城的教育配套项目，东方瑞仕幼儿园位于一块两侧临路，一侧临河的不规则三角形场地上，周边分布有高标准的住宅区、研发机构和高尔夫度假酒店，基地东西两侧住宅区的跨河联通道路在基地北角穿过。

与国内一般3层为主的幼儿园模式不同，相对宽裕的场地面积让设计师有机会尝试去做一个带有丰富户外空间的2层的幼儿园。建筑师张斌说："这既是对于场地条件的充分回应，也是对于如何在规模偏大的幼儿园建制空间中让幼儿更自主、便利地与自然接触的主动探讨。同时，相对于一般幼儿园中与当代中国城市生存经验普遍同构的盒子般的内部空间体验，我们更希望为幼儿创造一种更接近人类原初生存经验和空间原型的内部感知，让他们在这样一种富有启发性的空间环境中更有想象力地成长。"

所有日托班、管理办公、后勤等功能用房都分布在一个沿东、南两侧道路展开的相对规整的L形两层体量中。主入口开在东侧道路上，由一个内凹的带有玻璃雨棚和大树的入口庭院过渡到门厅空间。底层由一条居于L形体量内侧的蜿蜒宽大的长廊串联所有空间，南翼是一字排开的五个托儿班，带有各自的分班活动场地，并在西侧尽端通过一个架空的活动空间与集中活动场地相连；办公部分在东南角，配有一个内向庭院；而后勤部分在东翼北段。

整个L形体量的底层成为一个基座平台，二层的10个幼儿班是5个两两一组的单元体分布在基座上：南翼的3组紧凑布置，以北侧的曲折短廊相连；东翼的2组南北拉开，以居中的一字长廊相通；单元体之间都是绿化屋顶或活动平台，而东、南两翼之间通过办公部分上方的屋顶花园联通。每个单元体都由配有居中内凹双侧天窗的连续坡折屋面覆盖，并在北侧的屋面内整合了空调及设备平台。这样的特殊设计使幼儿班及走廊内都高敞明亮，每一组双坡屋面都对应了班内的活动室、卧室或卫生间，使幼儿在大进深的班级内部有一种居于屋檐下透过天窗光庭对望不同空间的屋顶和天空的奇特感受。设计师解释道，"这种感受首先和人类原初的居家及在家的屋檐下获得庇护的安定感有关联，这种安定感来自对于自身所处时空位置的最大限度的肯定和把握；同时这种感受又和聚落聚居的人们在安定的基础上寻求自由和交流的愿望相联系，可以启发幼儿在空间中的探索和发现。这就像我们的心灵可以安坐其中，思绪却能飘向上空，神游般地看清楚自己的躯壳。"

所有的公共活动空间，包括室内泳池、多功能活动室和6个专题活动室三部分，成为从主体量中向延河方向自由伸出的3个相对通透的单层体量，它们之间及外围与河道之间形成一系列形态各异的绿化及活动庭院。3个体量层高各不相同，屋顶成为高低错落的3个带有绿化的活动平台，其中泳池屋顶的活动场地是一个高敞的、由半透明穿孔铝板包裹的虚幻的与二层单元体同构的"房子"，内部布置充气的悬浮云朵、各型户外玩具和大型盆栽绿化，成为一处带有梦幻色彩的抽象的城堡，设计师将其称为"天空之城"。这些沿河一侧的地面及屋顶的户内户外活动空间成为屏蔽了交通干扰、景观优越的公共交流空间。

L形的主体由银灰色的金属屋面及涂料墙面组成轻盈的背景，各种营造水平视野的长窗带以及内凹窗带洞口侧边的色彩处理成为立面上的认知重点。公共活动部分的竖向窗带及其由穿孔铝板包裹的彩色窗间墙共同营造了通透、柔和的效果，模糊了建筑体量和环境景观的界限，并以那个虚幻的"天空之城"以及其中透出的多样童趣作为沿河一侧的空间焦点。室内设计在墙面及顶棚上延续了浅淡的色彩处理，同时大量的枫木表面隔断和橱柜也增强了空间的温暖感。

1

1 / 天空之城

东方瑞仕幼儿园

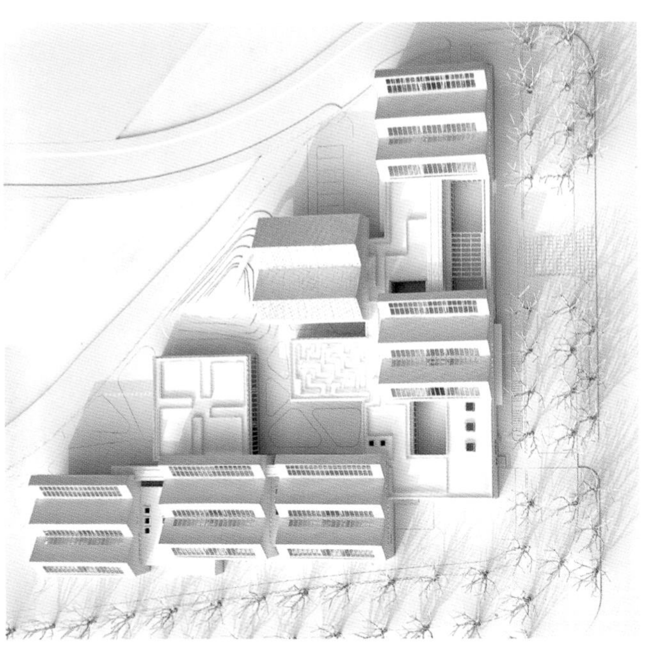

1 / 西侧外观
2 / 外观
3 / 西南侧外观
4 / 模型

东方瑞仕

① 门厅
② 庭院
③ 多功能活动室
④ 会议室
⑤ 值班室
⑥ 图书资料室
⑦ 热泵机房
⑧ 教工餐厅
⑨ 早晚护导
⑩ 厨房
⑪ 嬉水池
⑫ 设备间
⑬ 网络控制
⑭ 财务
⑮ 仓库
⑯ 晨检
⑰ 观察隔离
⑱ 办公
⑲ 幼儿活动室
⑳ 卧室
㉑ 进餐区域
㉒ 打印室
㉓ 材料储藏
㉔ 活动教室
㉕ 沐浴更衣
㉖ 水泵房
㉗ 配电间
㉘ 儿童厕所
㉙ 成人厕所

① 卧室
② 进餐区
③ 幼儿活动室
④ 天窗
⑤ 入口上空
⑥ 庭院上空
⑦ 分班活动场地
⑧ 储藏
⑨ 儿童厕所

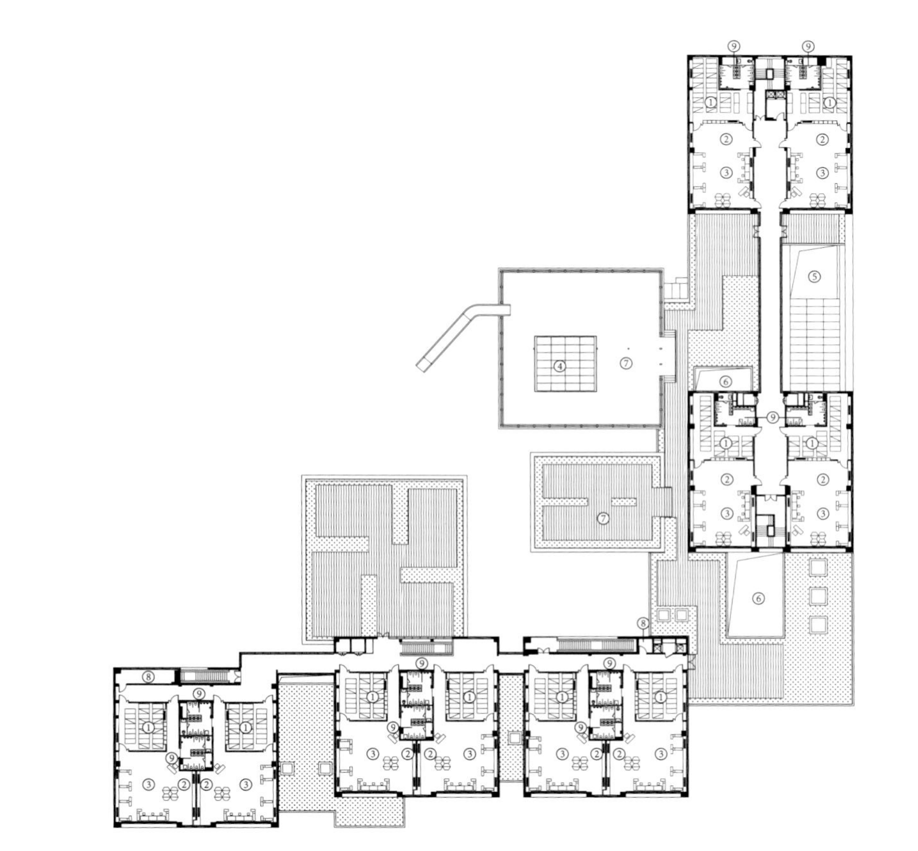

1 / 连廊外观
2 / 东面主入口
3 / 一层平面
4 / 二层平面

0 1 5 10 m

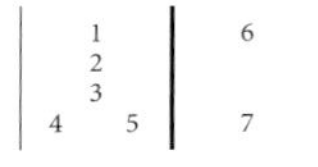

1–3 / 剖面图
4 / 二层走廊
5 / 一层南面走廊
6 / 色彩丰富的楼梯
7 / 一层走廊

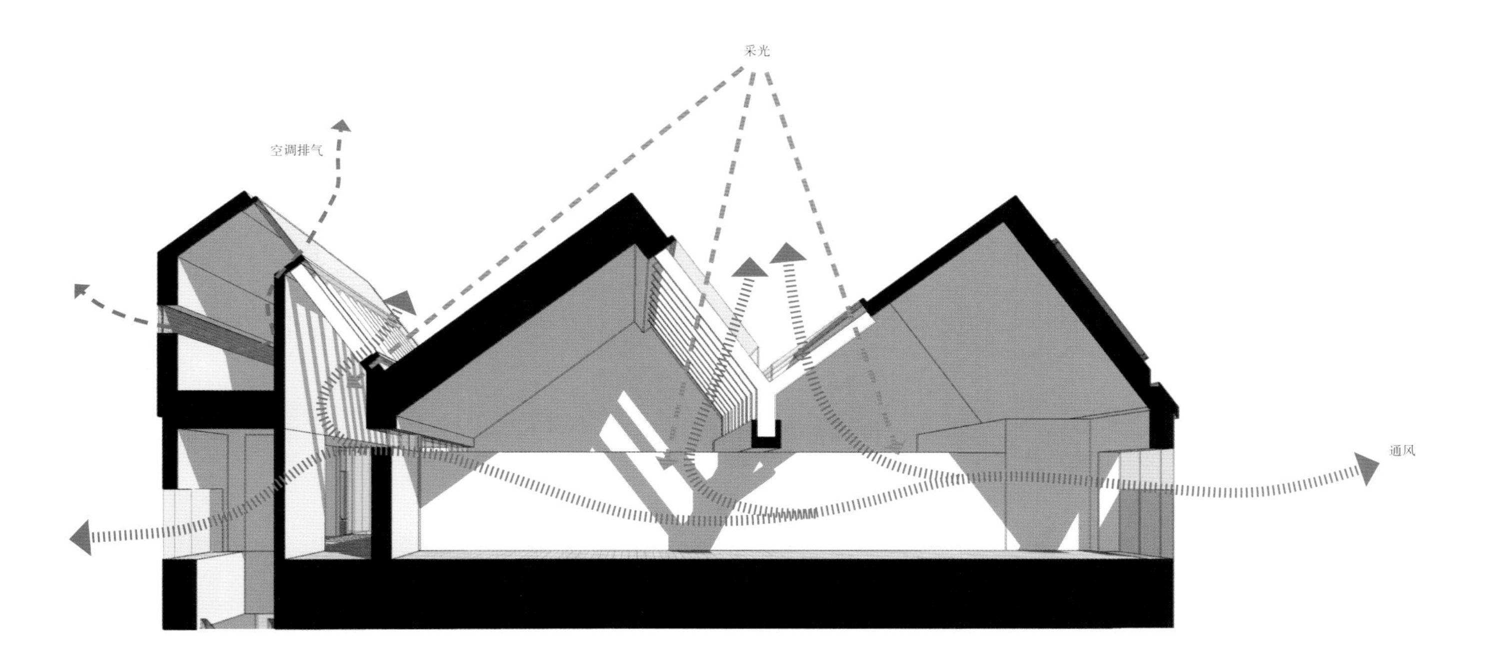

1	2 3 4 5

1 / 二层班级单元 - 卧室
2 / 标准单元剖面
3, 4 / 二层班级单元 - 活动室
5 / 屋顶构造

地点 / 上海嘉定区
主要用途 / 15 班日托幼儿园
基地面积 / 11050 m²
占地面积 / 4085 m²
建筑面积 / 6342 m²
设计单位 / 致正建筑工作室
建筑师 / 周蔚、张斌
设计团队 / 袁怡、孟昊、李姿娜、王佳绮
合作设计 / 上海江南建筑设计院有限公司
建设单位 / 上海国际汽车城（集团）有限公司
施工单位 / 上海万恒建筑装饰有限公司，海豪成装饰有限公司
设计时间 / 2011 年 4 月 ~ 2013 年 3 月
建造时间 / 2012 年 5 月 ~ 2013 年 8 月
结构形式 / 钢筋混凝土框架结构（局部钢结构）
主要用材 / 涂料，平板玻璃，烤漆铝板、穿孔铝板、铝型材、铝镁锰板，型钢，塑木板
图片提供 / 致正建筑工作室

3

酒店与餐厅

水岸山居

“上物溪北”民宿酒店

香箱乡祈福村主题精品酒店

外滩三号 Mercato 意大利海岸餐厅

朴素餐厅

57°湘虹口龙之梦店

竹院茶屋

THE MOUNTAIN RESIDENCE BY THE WATERSIDE

水岸山居

象山坡脚下，沿着杜家浦小河望去，在一派流水淙淙、花草掩映之间，依稀可见中国美院象山校区专家接待中心。建筑原址是学院一处很受欢迎的旧餐厅，因为有一座临河的大院子，而被诗意地称为“水岸边”。得益于此，现今这处建筑沿用了原先的“水岸”二字，得名“水岸山居”。

隔岸而望，首先映入眼帘的是一片蜿蜒的、覆着青黑小瓦的屋面。提及水岸山居，这百余米长的青瓦屋顶成为其标志形象。而在做设计方案时，设计师王澍亦曾将这处建筑命名为“瓦山”，可见“瓦”在其中扮演着的重要角色。在 2006 年威尼斯建筑双年展上，王澍就曾以“瓦园”阐释了他对传统建筑的一种思考。当时，他按照《营造法式》中的瓦作方式，利用竹篾撑起一片斜屋面，覆上 6 万余块旧瓦，再于其上辟出一条曲折小径，使得人们能够登上瓦顶并近距离地观赏这些深含厚重历史意蕴的中国瓦片。再观“瓦山”，大量回收瓦的再利用、起伏层叠的瓦檐形式，以及瓦顶上的山道，这些细节就像是一条线索，将今时的水岸山居与往昔的瓦园内敛而深刻地串联起来，表达出设计师在当代语境下对传统建筑持续地思考、探索与实践。

夯土筑造也是王澍的另一个关注点，自然，在水岸山居中，“夯土”也是一个重要元素。不同于其他建筑材料，夯土这种多用于乡土营造的材料具有可重复使用的特性，而这也暗合了中国传统道家思想中关于“永恒”的思考：周而复始，生生不息。水岸山居中筑起的夯土墙，其材料就取自当时基地开挖的土方，而若有一日须得改建、拆建，这些夯土原料还可以被再利用，由此体现出一种隐含在中国传统建造技艺里极朴素的、关乎于可持续性的追求与理解。再加之，夯土材料不加诸如石灰等化学成分，彰显出一种天然性。它取之于大地，之后亦可回归于大地，能形成一个良性的循环，不会对土壤与环境造成负担或是污染，故而也表现出设计师对环境保护的高度责任感。

由“视线”和“动线”两条线索，设计师亦给参观者设置了多条欣赏水岸山居的线路。若按着“视线”来探看，或隔水而望，或居外细赏；或自南北穿越，透过屋舍，向北可见象山之葱茏，向南可见象山校区之一隅；或从东西穿越，则可赏鉴山居内部景致，譬如那重重布置、疏密得当的隔墙。若通过身体直观亲历的“动线”来寻访，大致又可细分为三条：一条即是沿河而走，穿越过整个房子；一条在二层，或信步往下或拾阶而上，可穿过中部类似山谷和台地的区域；更有趣的一条是设在屋顶的长廊山道，上下盘桓曲折间，尽览水岸边山居之全貌。

上有斑驳的青瓦、厚重的木构屋架，下有厚实的夯土墙、清水泥地及点缀着的纤细的竹条，这些材料在设计师的纯熟运用下，各在其位，各做其用，各显本性。再加之，在其间或停留或寻走的观者，便达成了天、地、人三才的圆满。水岸山居是一次回顾，回顾了传统的营造技艺与材料。同时，它也是一份梳理与求索，经由设计、建造与实现的过程，探寻了一种建筑与自然相融合的状态以及将传统之美纳入现代建造体系的可能性。

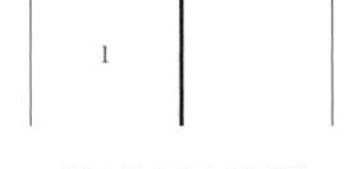

1 / 隔山望水岸山居西尾

1 / 远望水岸山居
2 / 总平面
3 / 从象山向南俯瞰水岸山居

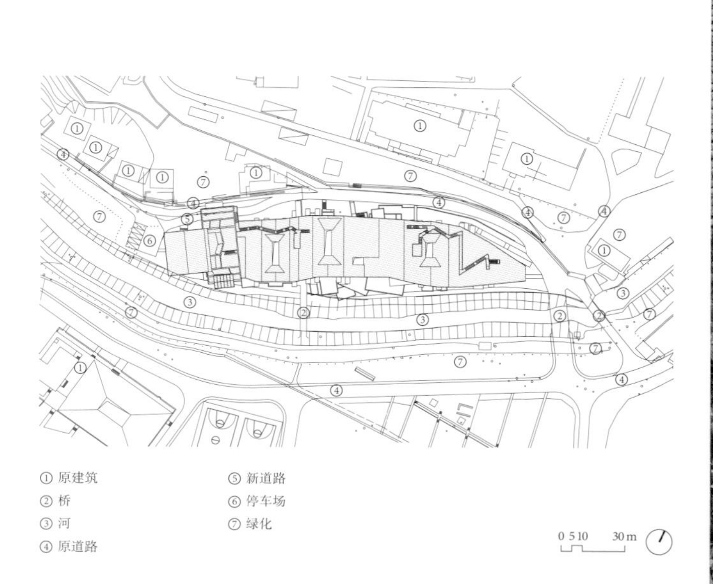

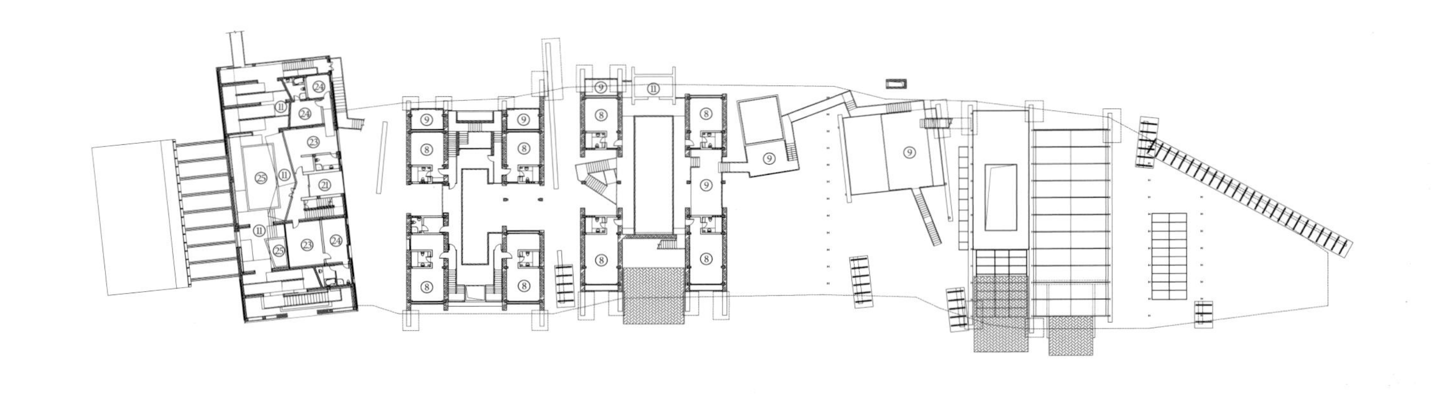

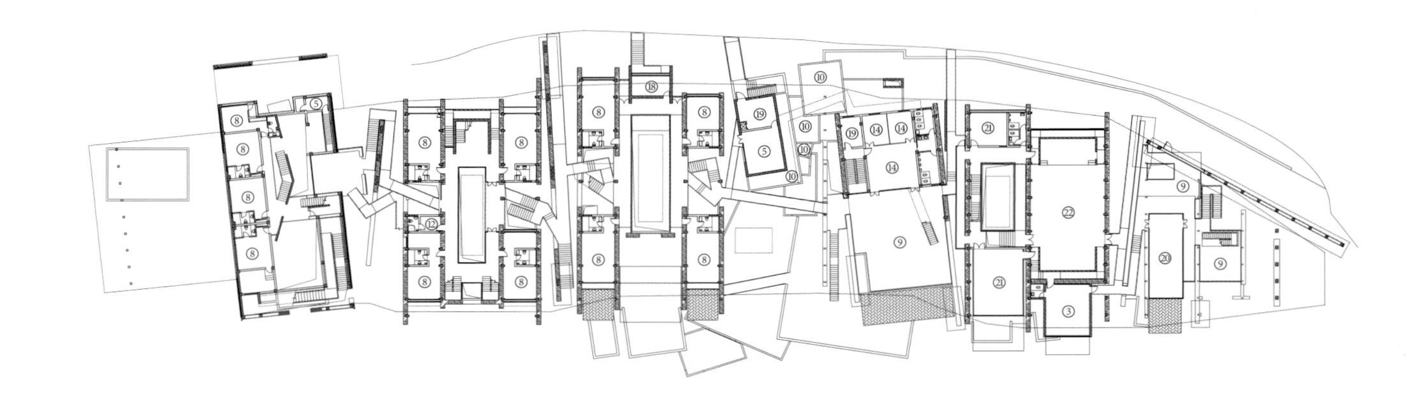

1 2 3 | 4

1 / 三层平面
2 / 二层平面
3 / 一层平面
4 / 水岸山居中小憩处

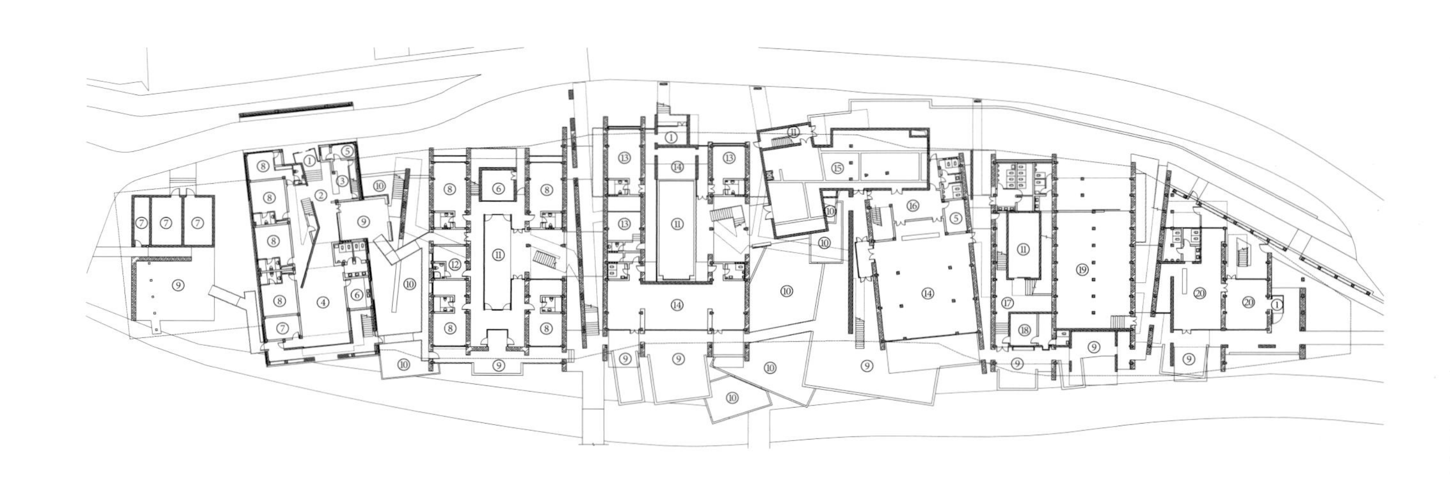

① 入口大厅
② 前厅
③ 接待处
④ 早餐室
⑤ 办公
⑥ 西式厨房
⑦ 设备
⑧ 房间
⑨ 平台
⑩ 水池
⑪ 庭院
⑫ 服务间
⑬ 餐厅
⑭ 舞台
⑮ 中式餐厅
⑯ 餐具室
⑰ 礼堂
⑱ 管理室
⑲ 贮藏间
⑳ 茶室
㉑ 会议室
㉒ 演讲厅
㉓ 套间（起居室）
㉔ 套间（卧室）
㉕ 机房

0 1 3 9m

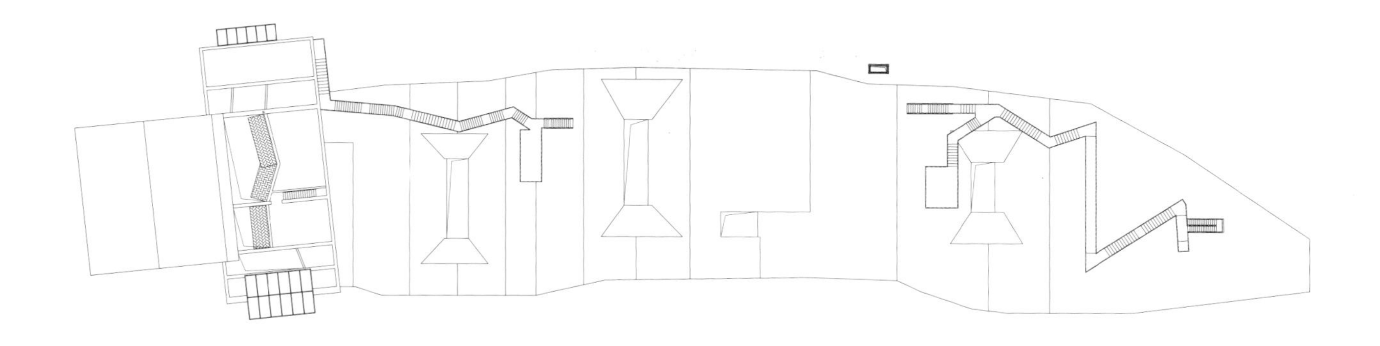

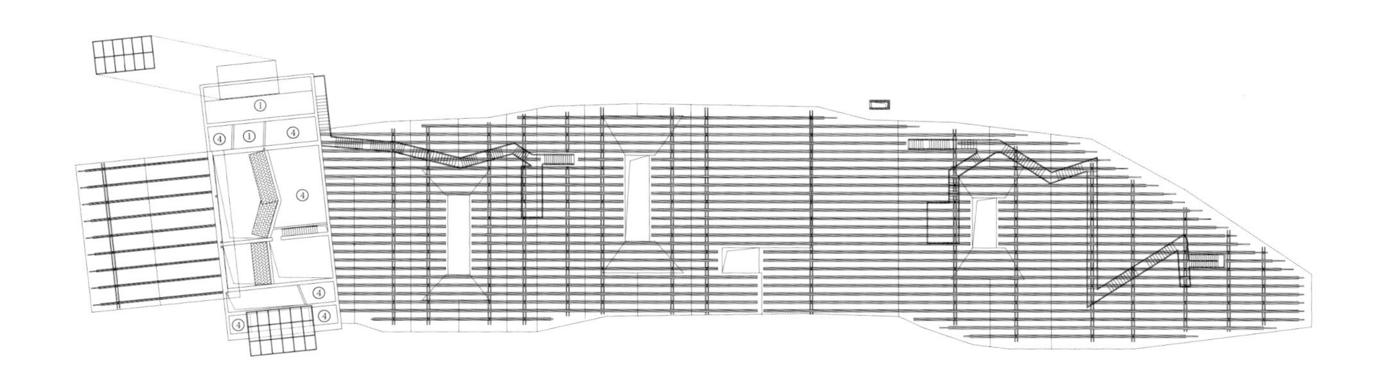

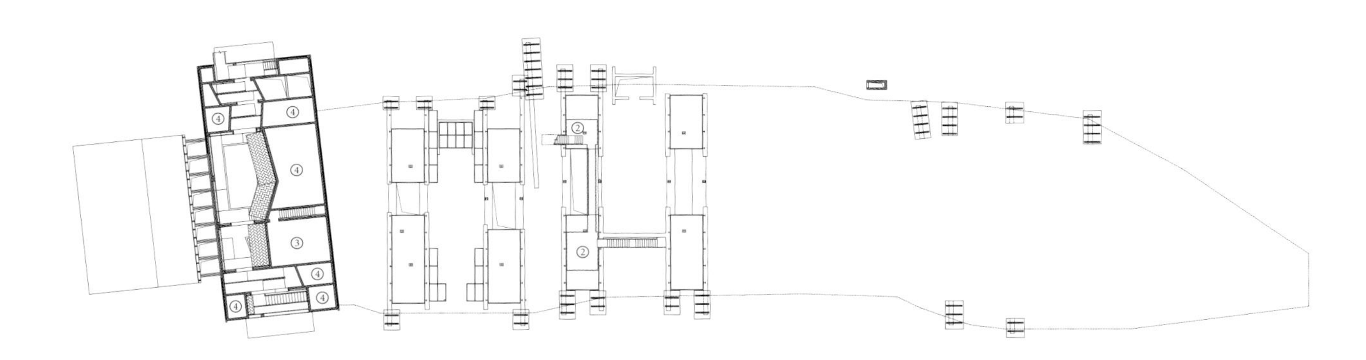

1	3
	4
2	5

1 / 从山道远望水岸山居
2 / 隔岸望水岸山居腹内
3 / 屋顶平面
4 / 屋顶木屋架结构平面
5 / 三层夹层平面

① 设备
② 平台
③ 庭院
④ 机房

0 1 3 9m

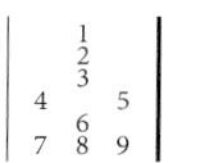

1 / 内部的洞
2 / 南立面
3 / 北立面
4 / 西立面
5 / 东立面
6–9 / 剖面图
10 / 西尾内部的洞

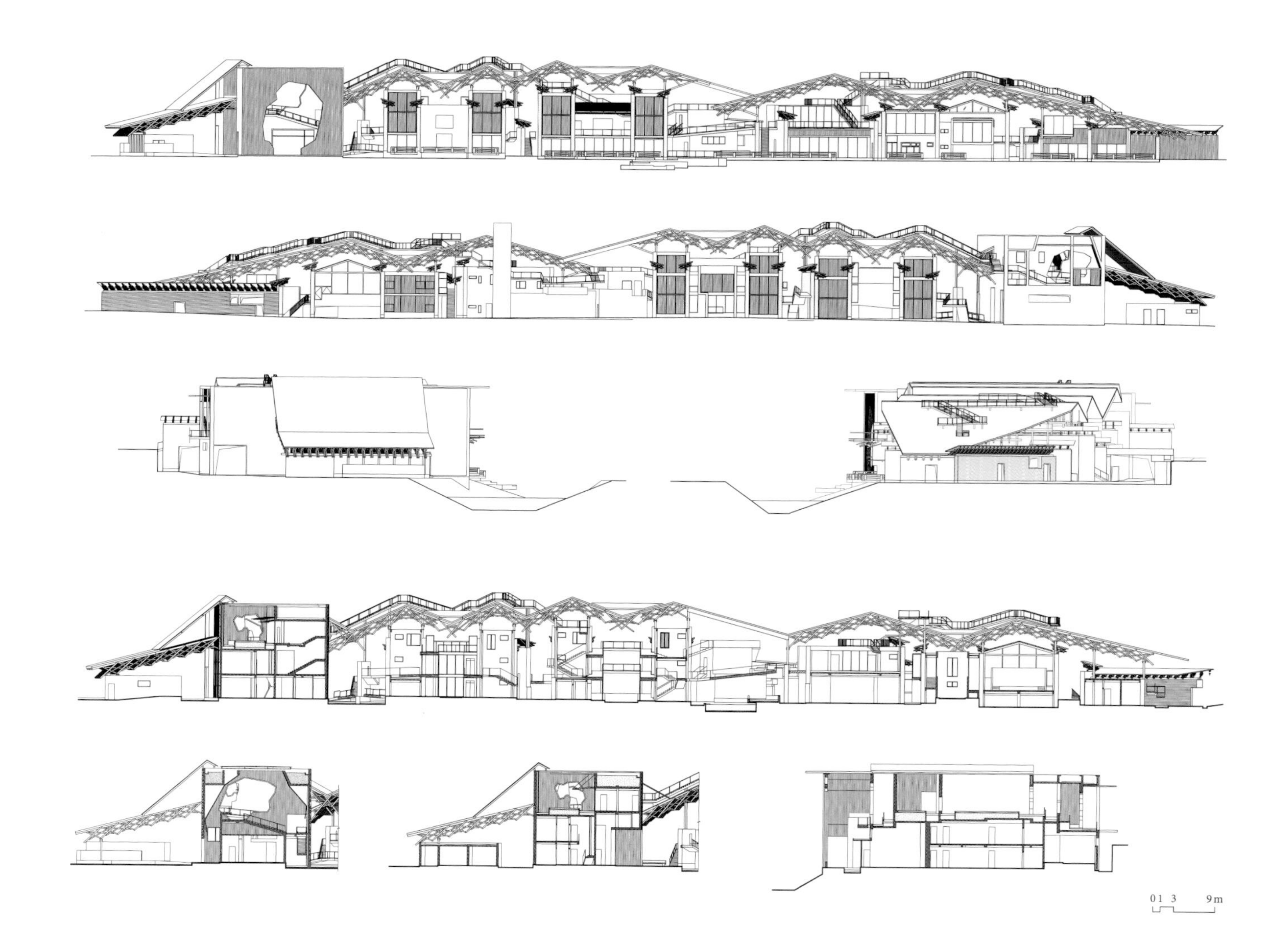

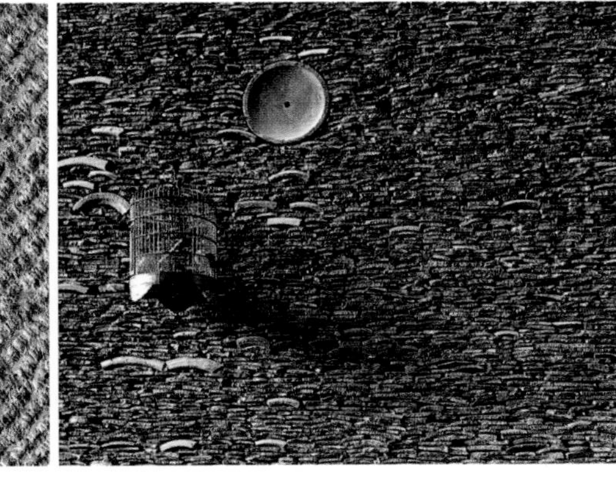

1 / 水岸山居中腹院落回廊
2 / 客房
3~6 / 表皮材质

地点 / 浙江杭州
基地面积 / 7500 m²
建筑面积 / 6200 m²
设计团队 / 业余建筑工作室
建筑师 / 王澍、陆文宇
结构类型 / 钢筋混凝土框架与局部钢结构、夯土围护墙体、木结构
主要材料 / 竹胶模板混凝土、回收瓦及缸爿、生木、松木
设计时间 / 2005 ~ 2013 年
竣工时间 / 2013 年
文字 / 朱笑黎
摄影 / 张广源

PLACID MOGAN RETREATS

“上物溪北”民宿酒店

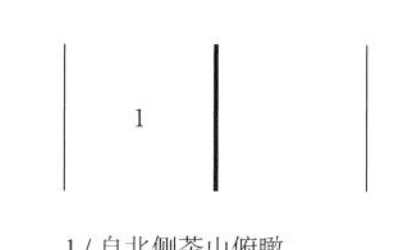

1 / 自北侧茶山俯瞰

“上物溪北”民宿酒店的基地位于浙江德清县莫干山北麓，一条谷间小溪北岸的乡村公路边，北靠茶园，南临竹山。业主希望经由建筑设计、室内设计和景观设计的协同工作，能在这里建造一处静谧的休憩之地。用地约有 3 亩（约 $2000m^2$），东西方向长 120m，南北方向最宽处只有 23m，基地内东低西高，高差将近 3m。基地原址是溪北村小学，单层砖木结构的双坡顶校舍，靠北一字排开，南侧为活动场地，校园入口设在基地东侧。

基地所在的浙北山区，尽管多山，但山形并不陡峻；潮湿多雨，气候温润；植被覆盖率高，竹类尤其繁盛。建筑需要对这样的环境做出回应。设计师试图延续原有村小学颇具智慧的场地关系：建筑靠北呈线性布置，最大限度地保留南向室外场地；基地入口在东侧，此处标高较低，便于和外部道路联系。由于酒店建筑功能的多样性有别于原有校舍功能的单一性，因此设计师将一个完整的体量沿长度方向切分成 5 个单体，单体之间拉开间距后，沿基地北侧边界分散布置，以期在满足功能多样性需求的同时，削弱建筑的体量感，由此形成北实南虚的图底关系。进而，为了使外部场地的层次更加丰富，5 个单体中的一个被拉到基地南侧，以获得一南一北两个属性完全不同的外部场地，然后被拉出的单体再旋转 90°，以扩大北侧场地的进深，也提供一个更加生动的檐口立面（而非山墙立面）作为南侧场地的端景。

5 栋单体，皆为青砖黛瓦双坡顶，综合考虑了瓦屋面构造要求、冬季积雪问题以及对周围山形的呼应，最终确定了屋面的斜率。场地上由东往西，依次布置为服务与接待用房、餐饮用房、标间客房及两栋独栋套间客房。由公共到私密的序列也对应了场地原始标高逐渐升起的序列。景观设计将一南一北两块室外场地做了梳理，面对山谷竹林的南侧场地，主要区域相对开阔而平整，成为前区公共用房的室外活动场地。同样位于南侧场地旁的标间客房，则通过对入户花园的设计，强化其领域性与私密性。而后区的两栋独栋套房，除了共享安静的北侧庭院之外，还拥有各自的南向独院。

在潮湿的山区，尤其在夏季，建筑的通风十分重要。尽管在总图关系上，建筑南北向布置已经为房间的自然通风提供了可能，但要使每间客房都具备南北通风的条件，对于集合式（相对于独栋而言）的客房设计仍是不小的挑战。

首先是在流线组织上，为让二层的每间客房既拥有南北外窗又能保证房间的私密性，必须对传统的水平外廊式做调整。因为水平外廊，无论放在南或北，都会对客房造成严重干扰。一种做法是沿用外廊式，但增加垂直高差，降低入户前的动线标高，以减弱户外动线对于客房外窗造成干扰，同时降低标高的区域亦可成为半私密的共享空间，这种方式适用于当一层为大空间，二层客房必须从北向进入的情况。另一种情况是上下两层皆为客房，解决方式是引入与客房并置的垂直交通单元，使二层客房得以从东西向进入，保证房间没有来自南北向的干扰。垂直交通的休息平台则借用一层客房卫生间位置的屋面，利用高差形成丰富的外部空间。为了使房间拥有良好的通风效果，除了对于交通组织方式的考虑外，室内设计也做了一些突破性尝试，例如摈弃传统的隔间式卫生间做法，而采用了开放式设计，以家具和软装作空间分隔，既满足使用的需求，亦保证空间的通透。

在这个项目中，设计师试图采用一些区别于当地民间建造方式的新途径来组织像青砖小瓦这样的手工化材料。比如结合立面门窗的模数，采用一种非“炫技”而更加贴近民居化的砌砖方式，既让大面积的砖墙具有了“细微”的尺度感，又使得每个门窗洞口的下口都刚好是丁砖，满足了窗台门槛的披水要求。

而对于像混凝土这样的工业化材料，则希望赋予其更多的“人文关怀”。例如，在服务与接待用房的东南角，有一个突出的体量，内部为艺术家工作室。因当时施工至此，整个建造过程已近尾声，工地上剩余了大量之前用于模板固定的松木板，宽度 7cm~8cm 不等，被当做建筑垃圾处理。设计师将这些松木板表面处理之后重新拼成模板，用来浇筑艺术家工作室的墙体和顶棚，木纹被转印到混凝土上，让混凝土有了“表情”，而木板也藉此获得了“永生”。

除了回应各种使用需求而采取的必要的“异化”手段外，该项目中采用更多的还是一种“因循守旧”的处理方式，尤其是在室内设计和景观设计部分。室内设计的基本原则是通过强调材料自身的“物性”去强化建筑的空间特质，比如：直接露明的现浇混凝土室内顶棚，建筑的室内墙面批涂的“草筋灰”，回收再利用的旧木地板，附近土窑烧制的“金砖”，手工制作的木楼梯。而景观设计的部分，则更加注重对本地材料和工法的运用，以存续具有当地特色的手工技艺，例如石砌挡墙及手编竹篱。同时也尽量引种基地附近原生植物，以期尽可能地保持基地及周边环境的生态平衡。

项目建成之后的某一天，有客来访，她是 1979 年从以前的溪北村小学毕业的，后来到了城里定居，听说以前的校舍要改建，担心造出怪物，于是特地回来看看。看后，她说：“跟以前小学很像，校舍操场的位置都差不多，房子造得好看，不是城里那种。”

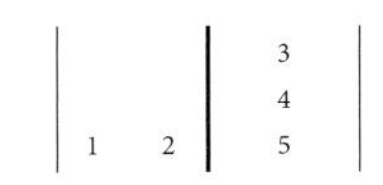

1 / 改造前场地原貌
2 / 空间组织分析
3 / 建筑镶嵌于山谷中
4 / 二层平面
5 / 一层平面

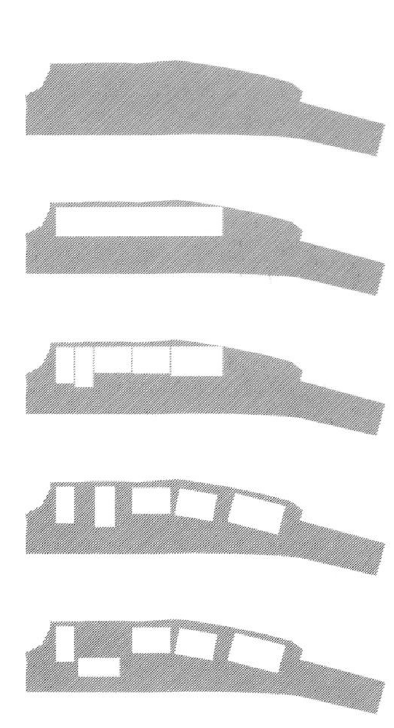

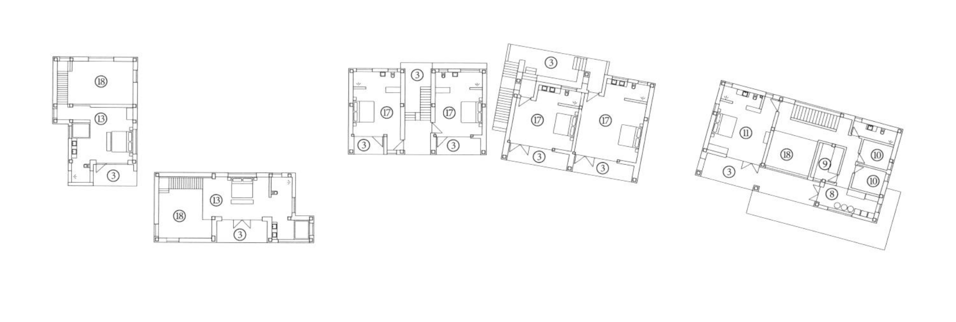

① 公共起居室
② 西餐厅
③ 平台 / 阳台
④ 艺术家工作室
⑤ 设备间
⑥ 主餐厅
⑦ 厨房
⑧ 洗衣房
⑨ 布草间
⑩ 员工房
⑪ 经理房
⑫ 套房起居室
⑬ 套房卧室
⑭ 南侧庭院
⑮ 北侧庭院
⑯ 独栋私家庭院
⑰ 客房
⑱ 上空

0 1 2 5m

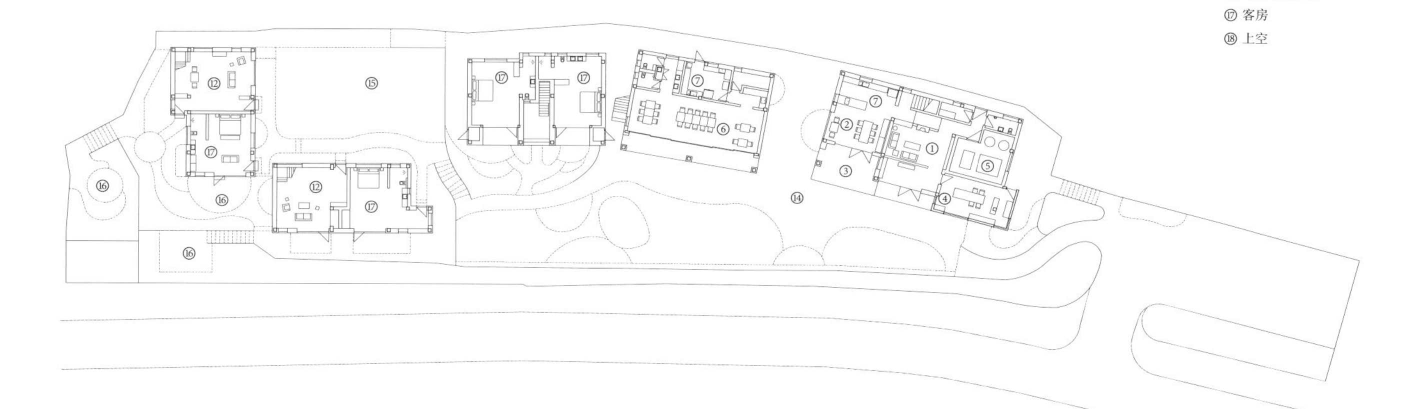

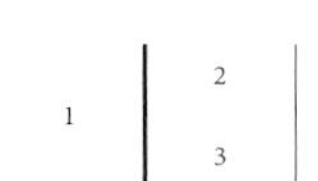

1, 2 / 建筑夜景
3 / 庭院

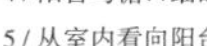

1 / 楼梯空间亦可坐赏山景
2 / 客房入口与外廊间设置垂直高差，形成半私密的共享空间
3 / 屋顶坡度与山形相映成趣
4 / 阳台与檐口细部
5 / 从室内看向阳台

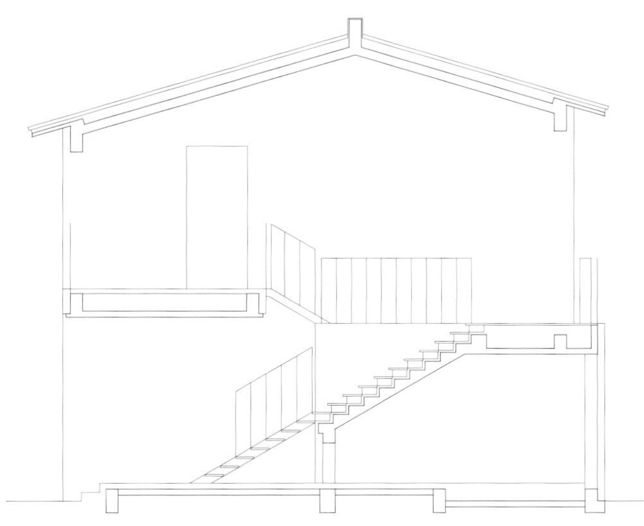

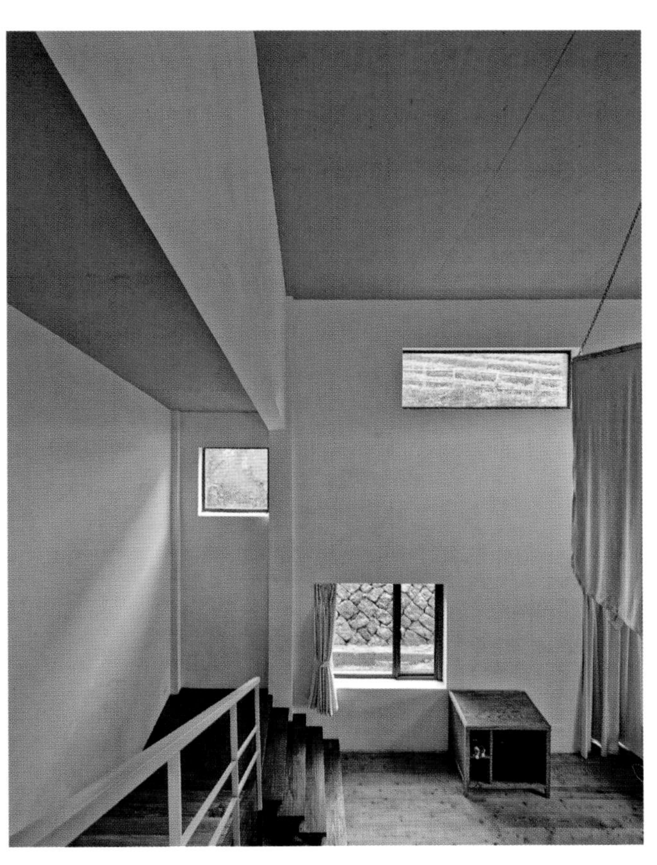

1	2	3
	4	5

1 / 客房

2 / 独栋套房的开放式设计
© 贾少杰

3 / 剖面图

4 / 一层公共活动空间及楼梯

5 / 三色景窗

地点 / 浙江德清县莫干山镇南路村
建筑面积 / 1055 m^2
建筑设计 / 孔锐、范蓓蕾（亘建筑工作室）
室内设计 / 贾少杰（上物溪北）
景观设计 / 王绚鹏（上物溪北）
建设单位 / 上物溪北
主要用材 / 青砖、小青瓦、小木模清水混凝土、毛石、金砖、草筋灰
设计时间 / 2011 年 11 月 ~ 2012 年 6 月
建造时间 / 2012 年 6 月 ~ 2013 年 5 月
文字 / 孔锐
摄影 / 侯博文

XIANGXIANGXIANG BOUTIQUE CONTAINER HOTEL
香箱乡祈福村主题精品酒店

香箱乡祈福村是中国第一个由集装箱改造而成的香主题精品酒店，位于山西省长治县天下都城隍旅游区西南角，属于天下都城隍福主题旅游区的重要服务接待区块。项目占地约5000㎡，极具标识性的集装箱外观，舒适古朴的新中式室内和家具设计，配以庭院景观和天下都城隍庙对景，构成整个香箱乡祈福村的独特住宿体验。

"香"字是一个充满美好寓意的字眼。从古代起，它就与好运、钱财、人缘等联系在一起。古代道家提倡用天然香供养诸神，可通天感神，获得福报。儒家以香为伴，是因为香气甘、柔、清，易聚神，延思维增记忆，去浊气，可助学业。

佛教用香作为修行的辅助品。因此，天下都城隍旅游区用"香"来作为福主题的一种特别表现。

酒店的命名"香箱乡"已点明了项目的3大特质：

一、香，代表了酒店的主题形象和特色服务。一方面，住客能感受到酒店以都城隍为体（客房的布局、开窗朝向等），以香为用（客房的室内布置、装饰等）而营造的整体的祈福氛围；另一方面，酒店还为住客提供了更为定制化的"品香"服务。客房内根据客人的喜好或需求提供相应的天然熏香，睡床前悬挂香药香囊；品香堂每日定时或可预约开设古法香宴；酒店可为客人安排在城隍殿上头香的仪式等。

二、箱，即集装箱。整个酒店的所有建筑空间全部由集装箱改造完成，箱体使用完全环保的水性漆喷涂，体现了酒店"与自然融合，不强加给自然太多负担"的建筑理念，同时也为住客提供了一种独特的空间和视觉体验。

三、乡，代表乡村。酒店规划沿袭了山西传统民居的合院式布局，并设置"寻香径"、"品香堂"等香事活动空间组，来承担传统村落中最为重要的祠堂、戏台等精神文化中心功能，这样就使传统的香文化和现代的集装箱建筑具有了本地化的地域特色，将主题、特色建筑更合理地落实在场地中。

酒店所有功能空间共由35个集装箱改造而成，其中20尺箱17个，40尺箱18个，分别用作庭院客房、庭院套房、独立套院、大堂、食香斋餐厅、包房、品香堂及寻香径主题景观等。每个房间都为客人准备了定制的香炉、香具及香品，以供住客焚香冥想；每个房间或合院都以香之德命名，如蕴智、藏灵、纳韵、延思等，并配以手工雕刻的乌木门牌。极具标识性的集装箱外观、舒适古朴的新中式室内和家具设计、带有福与香主题的装饰元素，配以庭院景观和天下都城隍庙对景，构成整个香箱乡祈福村主题精品酒店的独特体验。

香箱乡祈福村主题精品酒店也是国家发改委与占世界95%的集装箱生产力的大连中集集团即将尝试的一个"集装箱生活模块"新型创意产业的先行者，除了"工厂制造+现场安装"模式具低碳特点之外，在环保上更为突出的是，它使用了全球唯一的一条集装箱水性漆喷涂线进行箱体喷涂，不仅能提供更好的防腐保护，还能确保更低的碳排放，几乎没有对人体有害气体释放。从创新角度，香箱乡结合了旅游产业、文化创意产业，当地地域特色，形成了自己独一无二的体验风格，为这个新型产业的发展带来了更深远的提示。

1

1 / 品香堂

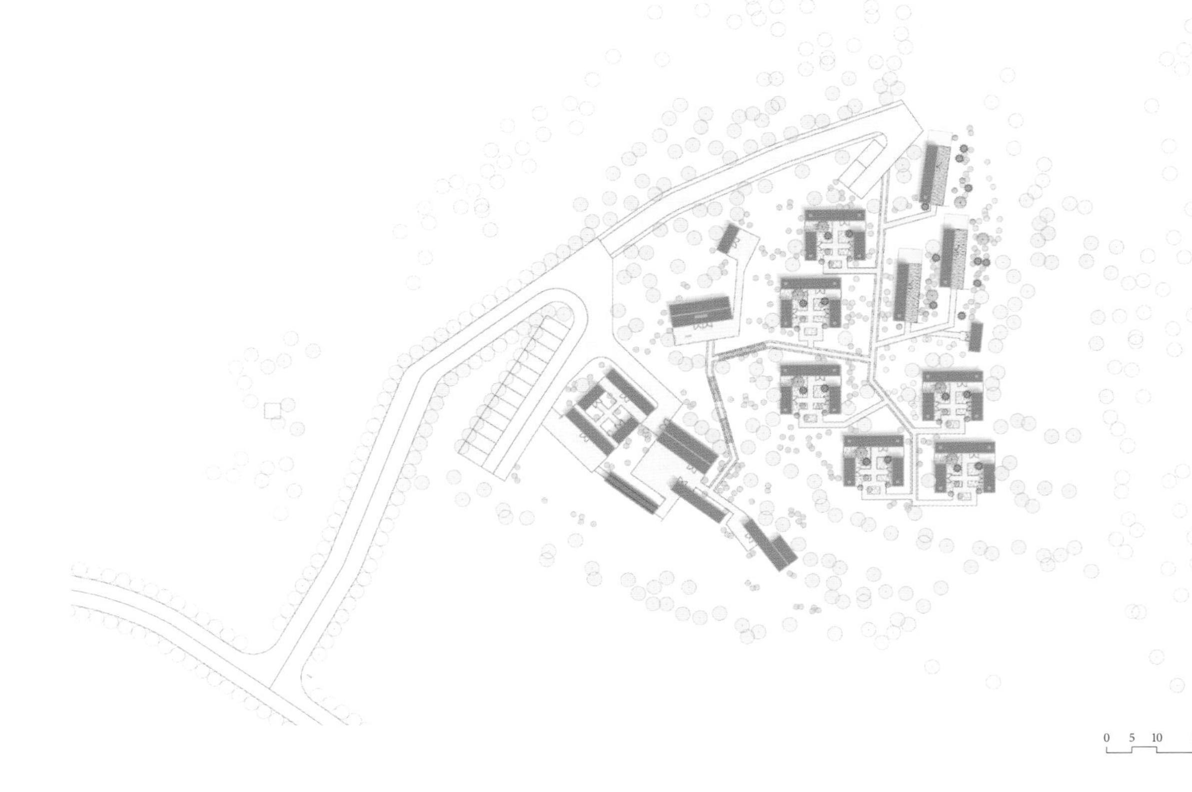

1	3
2	4

1 / 总平面
2 / 延思院
3 / 鸟瞰夜景
4 / 寻香径

1 / 品香堂室内
2 / 食香斋餐厅
3 / 大堂

地点 / 山西省长治县天下都城隍景区西南角
基地面积 / 5000 m²
设计单位 / 同和山致
主设计师 / 姜波、孙杰
竣工时间 / 2012 年 6 月 29 日
图片提供 / 同和山致

MERCATO

MERCATO AT THREE ON THE BUND
外滩三号MERCATO意大利海岸餐厅

Mercato意大利海岸餐厅由法国米其林三星大厨Jean-Georges Vongerichten主理，位于著名的外滩三号六楼，是上海第一家提供高档意大利“农场时尚”餐饮的餐厅。如恩设计研究室对这个1000m^2餐厅的设计，不仅着眼于主厨的烹饪思想，还融合了餐厅所在建筑的历史背景，让人回想起20世纪早期，当时熙攘的外滩是上海的工业中心。

外滩三号是上海首个钢结构建筑，如恩设计研究室的设计理念还原了原建筑的纯粹美感，在拆除原有的多年前室内装修的同时，又注重保留原有结构及施工工艺。接待台上方支离破碎的顶棚、外露的钢梁和钢结构柱以及Logo背面残缺不全的墙面展现在大家面前的做法，表达了对这个当年建筑界创举的敬意。新增的钢结构与现有充满质感的砖墙、混凝土、石膏板以及建筑造型形成鲜明对比。通过新与旧的对比，不仅展现出外滩的悠久历史，更反映出上海的岁月变迁。

迈出电梯，首先映入眼帘的是维多利亚式的石膏板顶棚，顶棚上斑驳的岁月痕迹与新增的钢结构相映成趣。沿着墙壁的储物柜，金属移门和钢结构上悬挂着一系列的玻璃吊灯，洋溢着老上海风情。正如餐厅的名字，公共用餐区的活跃氛围让人联想到街边的市场，其中新区域的吧台和披萨吧，四周包覆钢丝网、夹丝玻璃和回收木料。吧台上方的空心钢管结构，灵感来自旧时肉店的吊杆，这些钢管和裸露的金属吊杆错落交织在一起，刚好悬挂置物架和灯具。用餐区卡座区域的餐桌仿如拆卸开来的沙发，由现场回收的木材固定在金属框架里制作而成。

包房则如一个个金属框架的盒子，墙体由不同材料组合而成：回收的老木头、天然生锈铁、古董镜、钢丝网还有黑板，带有重工业时期感觉的墙面绘画，这一系列设计元素无不让人联想起外滩的历史长河。包房顶部的一圈波纹玻璃营造出空间的通透感，而包房之间的移门则赋予空间极大的灵活性。同样的设计语言也应用在连通厨房和餐厅的走廊上，受老仓库窗户的启示，带有背景照明的波纹玻璃墙也鼓励厨师和客人进行更多互动。

就坐于餐厅边缘的客人体验到的是一番别样情调。为了把光线引入室内，餐厅的边界是一个中间区域：连接室内与室外，建筑和景观，家庭和都市。石灰粉刷的白墙将其他丰富的材质和色彩隔离在外。餐厅空间的焦点不过是为了展现远处那让人窒息的外滩美景，把城市的天际线带到餐厅里来。

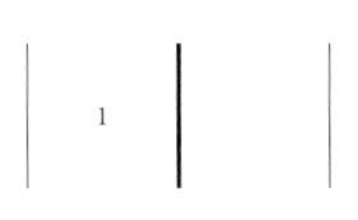

1 / 从接待处看向餐厅

1 / 从餐厅看向接待处
2 / 平面图
3 / 吧台

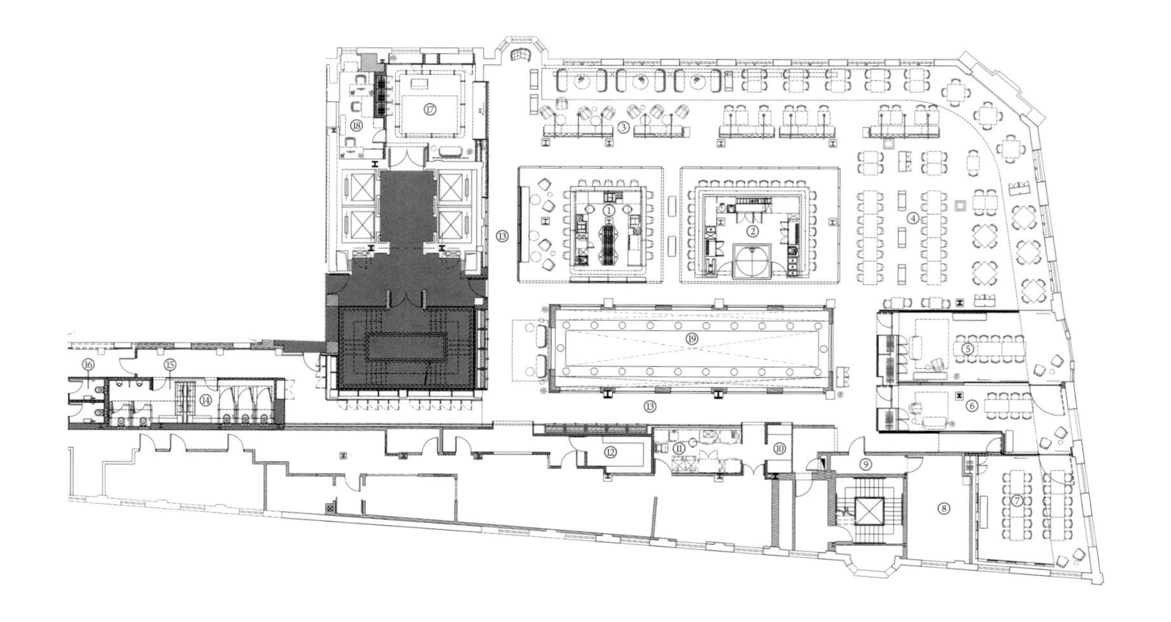

① 吧台
② 比萨烤炉站
③ 等候区
④ 公共就餐区
⑤ 私密就餐室 1
⑥ 私密就餐室 2
⑦ 私密就餐室 3
⑧ 既有房间
⑨ 既有服务室
⑩ 收银处
⑪ 服务区
⑫ 仓库
⑬ 展示走廊
⑭ 女洗手间
⑮ 男洗手间
⑯ 员工洗手间
⑰ 接待处
⑱ 办公室
⑲ 现存中庭

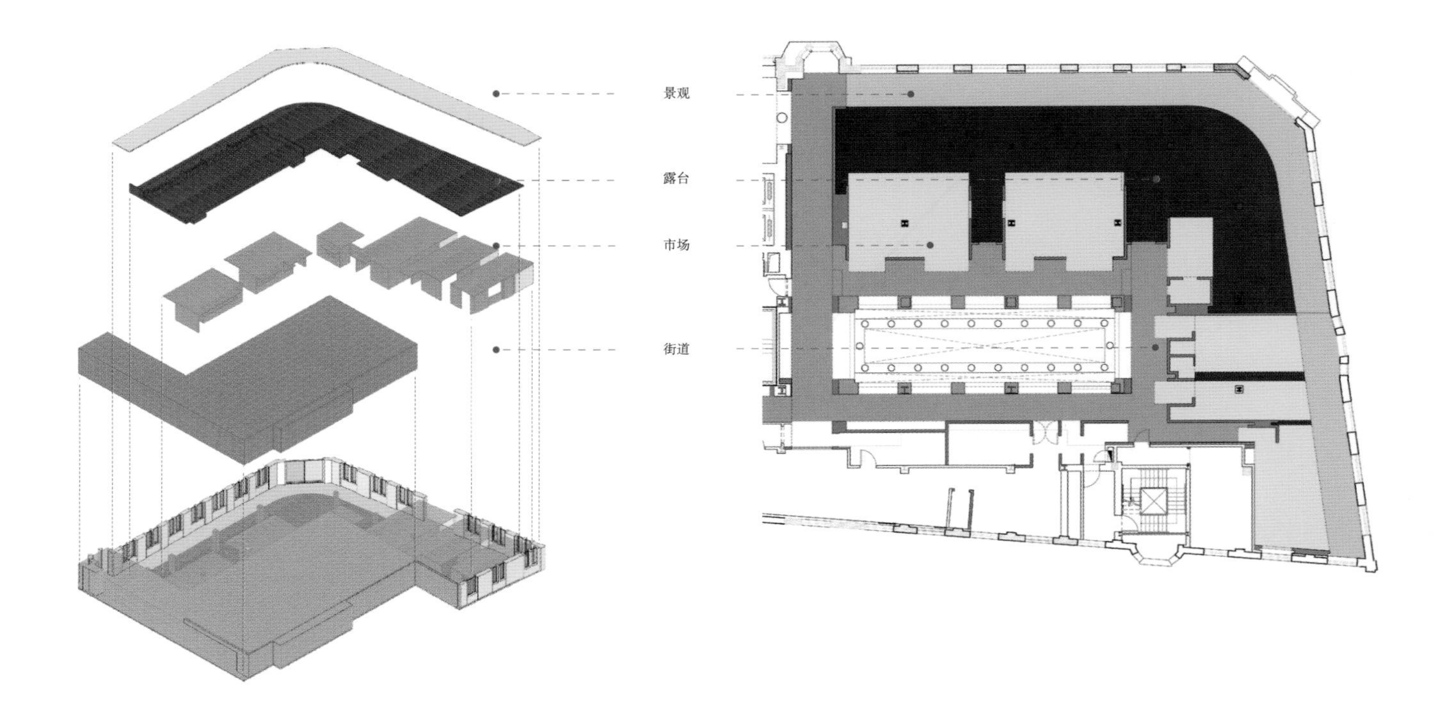

1 3
2 4

1 / 概念图解
2 / 接待处
3 / 等候区
4 / 吧台

SEA CURRENT

1 / 从接待处看向餐厅
2, 3 / 公共就餐区剖面
4 / 走廊剖面
5 / 吧台
6 / 餐厅局部
7 / 材质细部

地点 / 上海外滩三号六楼
面积 / 1000 m²
设计 / 如恩设计研究室
竣工时间 / 2012 年
摄影 / Pedro Pegenaute

PUSU RESTAURANT
朴素餐厅

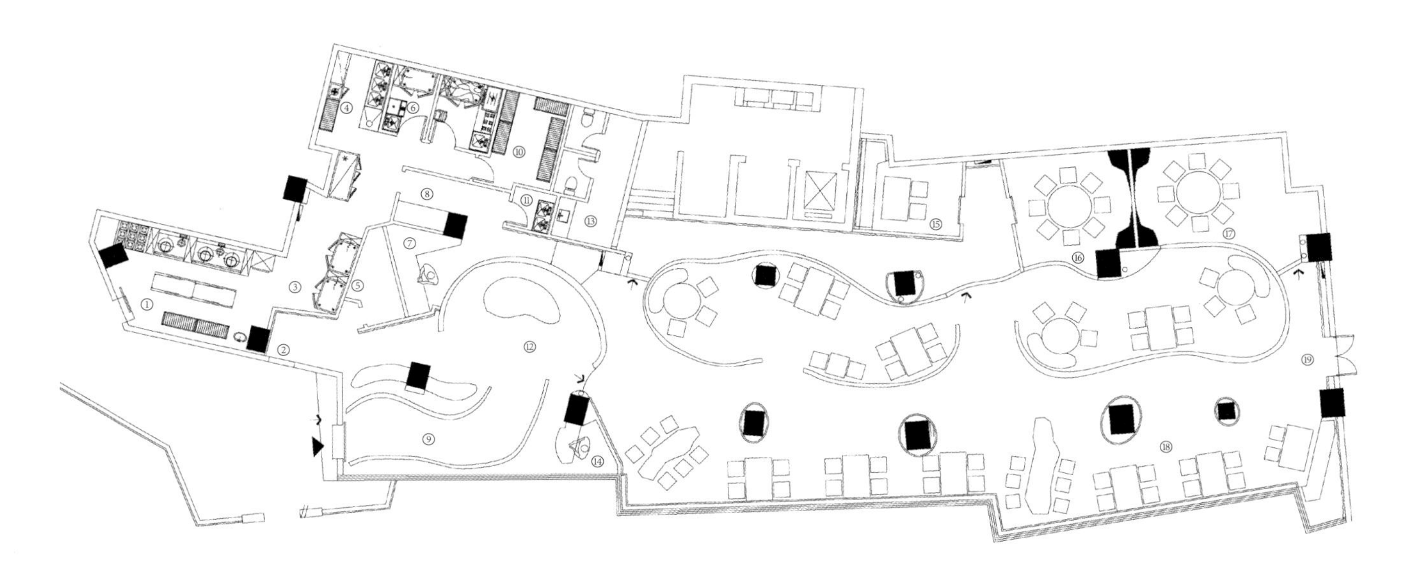

① 厨房出入口
② 出口
③ 厨房
④ 洗消间
⑤ 寄存
⑥ 凉菜间
⑦ 吧台
⑧ 备餐
⑨ 门廊
⑩ 库房
⑪ 清洁间
⑫ 前厅
⑬ 卫生间
⑭ 收银
⑮ 包房1
⑯ 包房2
⑰ 包房3
⑱ 开放餐区
⑲ 疏散出口

朴素餐厅位于重庆江北区一个住宅商业区内，是一家素食餐厅。当来客走出电梯，简朴而具有设计感的入口立刻映入眼帘。灰色墙面上黑白色的标志朴素但独特；阳光透过围合入口空间的竹，从缝隙中播撒进来，在地面、墙面和顶面造成了神秘的光影效果，并随时光流转变化和移动着。行进在这个竹隧道空间，心自然就静了下来。

走进大厅豁然开朗，依然充满着阳光和影子。设计师用竹栅围合的曲线空间形成了不同的空间感受，既可临窗感受开阔的江景，也可隔帘对坐窃窃私语。此时，帘外走动的人影就是一道移动的风景。设计师通过收放的布局去引导着消费者心理感受的变化。

设计中仅用到两种主要材质，竹和石，却通过不同的构造手法创造了丰富的视觉效果。用江西的细竹片条，制作了围合隔断、隧道、穹顶，地面也铺贴同样的竹条。福建的灰色花岗岩石，保留了刚刚开采出来时的劈离石面，无修饰地上墙，通过自然的起伏展现丰富的效果。

自然的材料组合和自然的光线引用造就了这个具有东方文化气质的空间。设计师表示他希望通过这个设计去传达一种朴素的生活哲学。

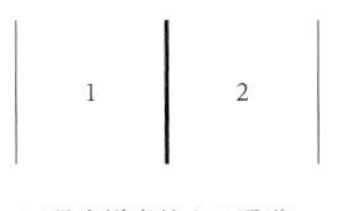

1 / 具有禅意的入口通道
2 / 平面图

1 / 从餐厅往入口通道看
2 / 朴素餐厅的入口
3 / 通道材质细节
4 / 造景设计

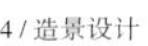

1			5	6
2	3	4	7	8

1 / 餐厅一隅
2–4 / 细部设计与材质
5, 6 / 餐厅的不同位置有着不同的空间气氛
7 / 虚实对比的过道
8 / 曲线型竹栅围合和分隔了空间

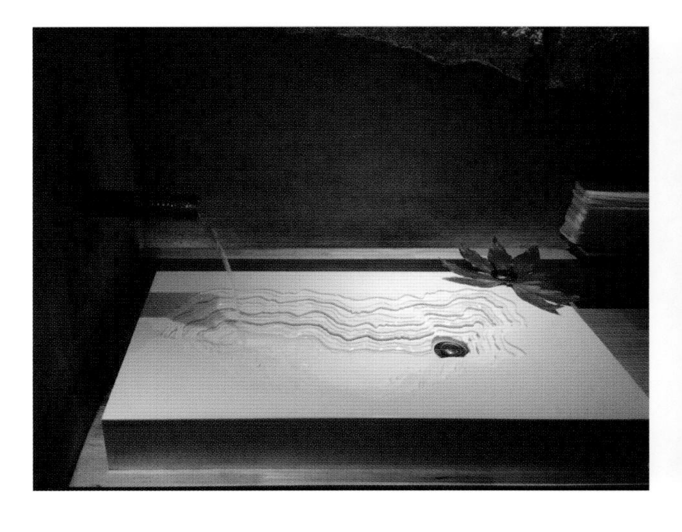

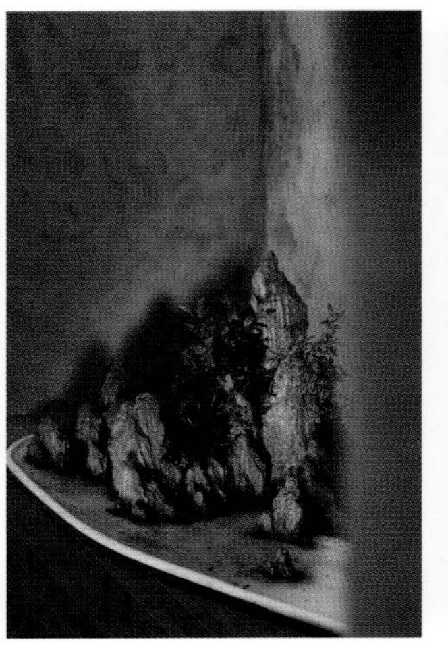

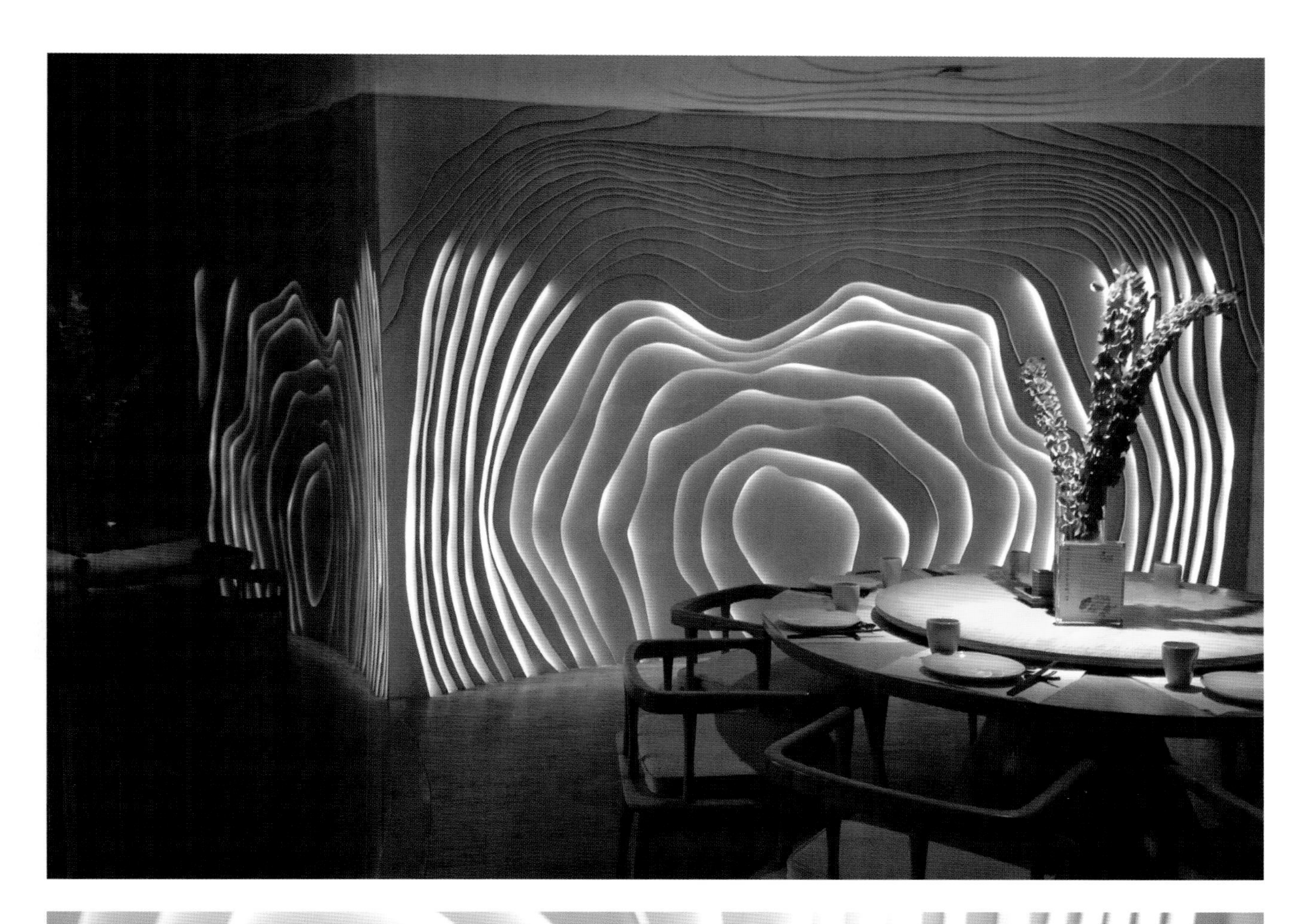

1
2
3

1–3 / 包间设计

地点 / 重庆市江北区北滨路龙湖星悦荟 6–5F
建筑面积 / 500 m²
设计公司 / 重庆郎图设计工程有限公司
设计师 / 于丹鸿
竣工时间 / 2012 年 8 月 20 日
摄影 / 夏阳

TEPPANYAKI XIANG RESTAURANT
57°湘虹口龙之梦店

老虎窗、鸟亭子、旧式电线杆、小洋楼阳台上的铁艺栏杆，一踏入57° 湘上海虹口龙之梦店，便有一种时空倒错之感，恍若走进了20世纪30年代的老上海。那街景的还原，即使身在餐厅内，亦如穿梭在熙攘热闹的城间小巷，于是空间跳脱出界限，室内化形成了室外；那风情的再现，即使驻足于当下，却得以遥想彼时的繁华。

餐厅竣工于2012年，在当时，将餐厅打造并重现老上海法租界感觉的想法还是非常新颖的。设计师曾经有一些细化的情境上的考量，譬如通过变光，更鲜明地凸显出餐厅布景中热闹街巷与僻静弄堂的差异，亦如使服务员模仿旧时走街串巷的贩货商人，拟出街市叫卖之景，更生动地营造出从前人们小弄堂里吃饭的感觉等，但因成本问题终未得实现。然而餐厅的最后效果还是令人满意的，设计师在成本所能顾及的范围里，在设计细节上有着不少巧思，就比如说墙面，红色砖墙立面在粉刷一遍后，被刻意剥去了一部分，由是产生了一种经岁月侵蚀之后的参差斑驳之感；还有陈设部分，怀旧的留声机、小洋楼花园里的花草以及富有趣味的由老皮箱做成的会动的装置艺术，无一不显现出落于细微处的别致心思。

当谈到设计理念时，设计师陈林坦言，当他设计餐厅时，往往先从市场而非自身出发，同时也会充分考虑商业的规律与需求，若不能满足，餐厅生意寡淡，设计再好亦是无用。故而，在设计这间餐厅时，他优先考虑的便是如何在有限的空间内（420m^2）进行合理的布局，以满足甲方之于餐位数的要求。而后被审慎处理的，便是当地消费群体的审美观。陈林笑谈道："在上海做的餐厅如果和在杭州、长沙做的一样，就没意思了。"同时他也指出，各地域因文化背景的差异，自然会衍生出不同的审美习惯，且根据餐厅定价及目标消费群体的年龄段及心理需求，也当做出相应的回应。在综合考虑这一系列元素后，他将餐厅的设计概念定位在怀恋老上海风情的主题上，不得不说这是非常讨巧的，尤其可体现在满足目标消费者的需求这一维度上。老上海、老街巷、老故事，这怀旧之风虽围绕一个"老"字展开，却不仅仅只满足了年长者怀恋昔时旧梦之心，也带给了年轻消费者一般别样的新奇之感：明明几步开外便是司空见惯的商场，这方寸间却满是未曾亲见的旧时风貌，怎不引人入胜？而事实上，这餐厅的社会效果确实很好，老少食客络绎不绝。

"商业的规律是室内设计必须尊重的。"或许正如陈林所言，充分地考虑现场条件、客户需求以及目标消费者的审美习惯，在理性之间糅杂感性且有吸引力的情怀元素，遵从商业规律并使之大受欢迎，这对于一家餐厅的设计而言，正是至关重要的。

1 / 在室内营造建筑感

1 / / 从室外看向室内
2 / 陈设细节
3 / 平面图
4 / 入口
5 / 从室内看向入口

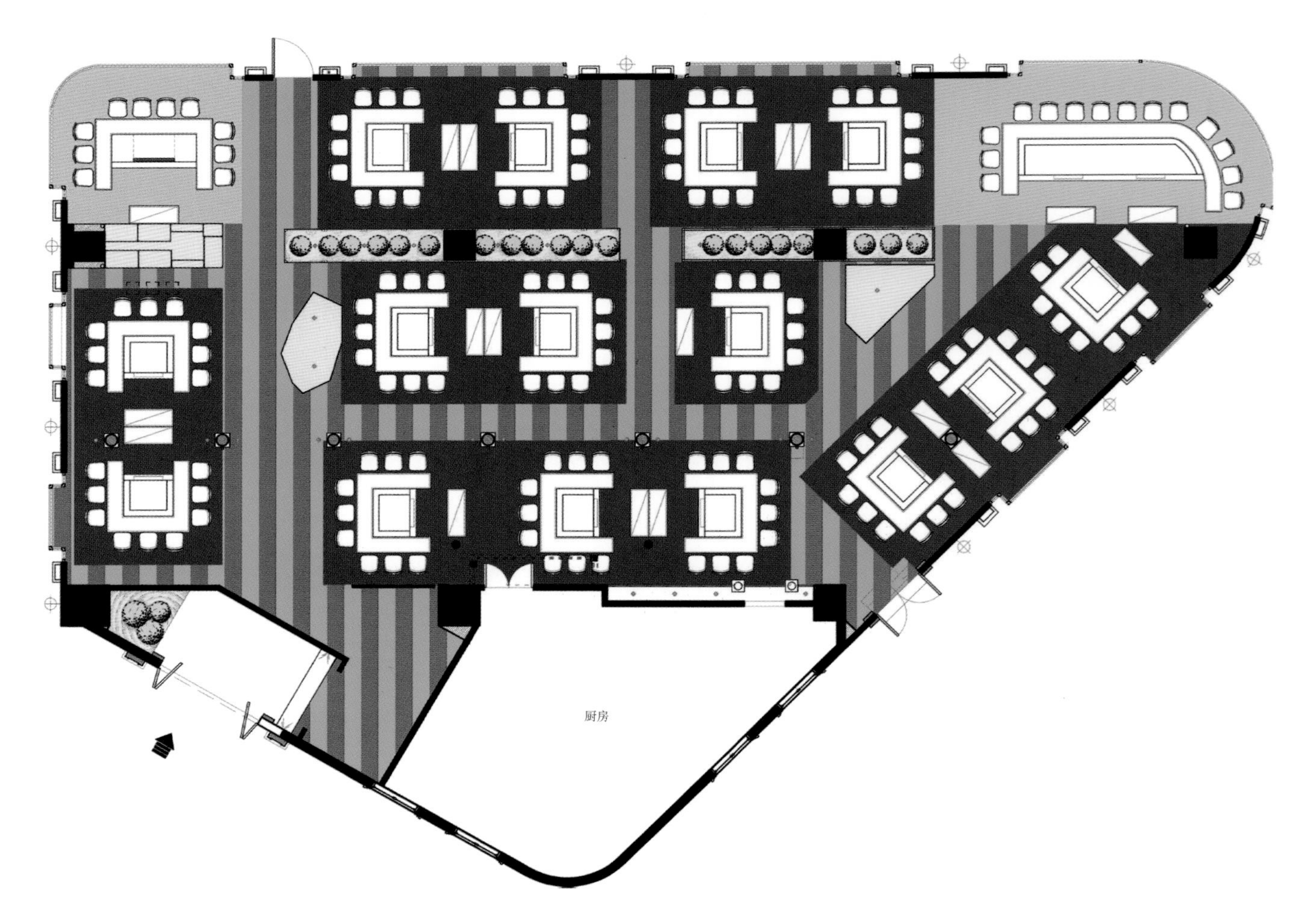

57

1 / 餐厅一角
2–5 / 餐位区

地点 / 上海市西江湾路 388 号凯德龙之梦虹口广场 6F
面积 / 420 m²
设计单位 / 杭州山水组合建筑装饰设计有限公司
设计 / 陈林
参与设计 / 戴朝盛、黄秀女
竣工时间 / 2012 年 12 月
文字 / 朱笑黎
摄影 / 林德建、苏小火

BAMBOO COURTYARD TEAHOUSE

竹院茶屋

在中国传统文化中，扬州一直是一个特别的概念，不仅作为一个城市而存在，更代表了富庶与享乐层面的江南。与苏州的雅致和杭州的精致不同，扬州似乎更倾向于感官享受到极致舒适。因此，中国古人用“腰缠十万贯，骑鹤下扬州”来描述他们对于极致富贵悠闲生活的想像。而在现代扬州市的施桥园中，一座漂浮于水上的竹院茶屋，重新诠释了扬州式的古韵。

该项目的设计者是 HWCD 事务所的合伙人、中国建筑师孙炜。HWCD 是一家国际化的设计事务所，在上海、伦敦和巴塞罗那都有办公室。竹院茶屋的设计体现出了建筑师善于结合亚洲传统审美和现代设计语言的能力。

设计明显地沿袭着中国传统园林的基本元素，让建筑融入自然中而非隔阂于自然环境之外。当人们游走于竹院中时，数丛修竹纵横交错，营造出纵向或横向的视觉效果。高挑的竹篱围合成跨于湖上的户外步行道，呈现出疏朗的不对称布局。茶屋的设计也从扬州传统庭院中汲取了灵感，扬州庭院往往由朝内的凉亭组成，形成内部景观空间。竹院茶屋从中借鉴，在方形的平面布局基础上，分隔出小空间，以营造内部景观区域。而在每个内部景观空间中，都能够饱览湖面全景，拥有极佳的视觉享受。

从外观上看，竹院茶屋是一个有虚实变化的立方体。当夜晚华灯初上，茶室的纵向线条更加突出了。建筑简洁的外形传达出与自然相统一、相融合的意图；而对竹子和砖等自然材料的运用则更具有可持续性。外墙开口加强了茶屋的自然通风，厚实的砖墙在冬季保温效果好，减少了对人工调节温度系统的依赖性，更加环保，也有利于居于其间的人们的健康。

茶是中国最珍贵的文化遗产之一，千年长盛不衰，已形成特有的茶文化和茶之“道”。品茶需要温和、自然、低调的环境，让人们领悟茶之芬芳内敛，回味悠长。竹院茶屋的设计正是契合了这样的精神，从而通过室内外环境的设计，为人们提供了一个可以自在、舒适地品茶的空间。

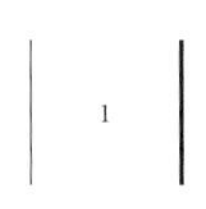

1 / 竹屋夜景

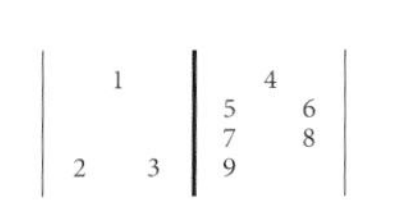

1 / 回廊与曲径
2 / 一层平面
3 / 屋顶平面
4 / 庭院与水面的绿植
5 / 东立面
6 / 西立面
7 / 北立面
8 / 南立面
9 / 剖面图

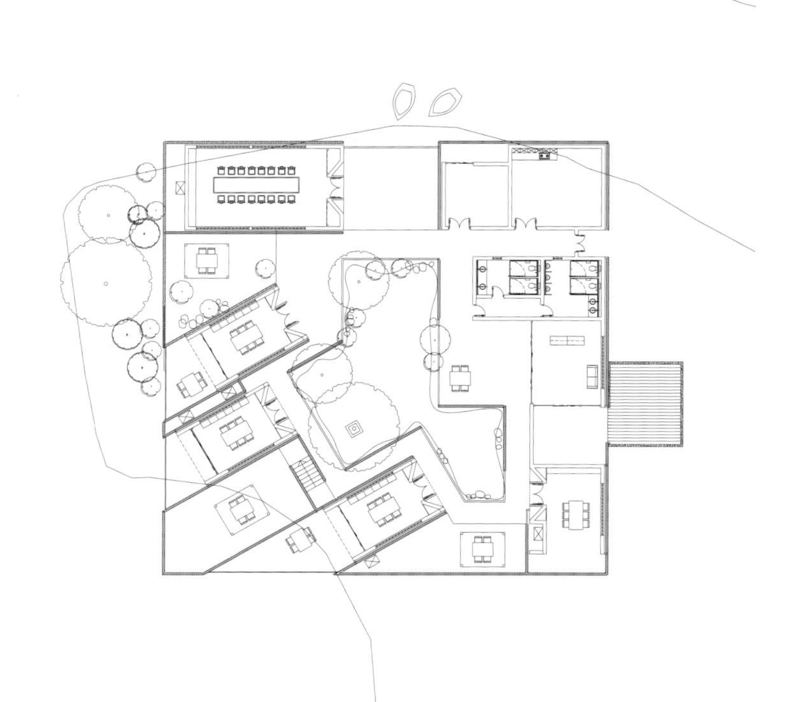

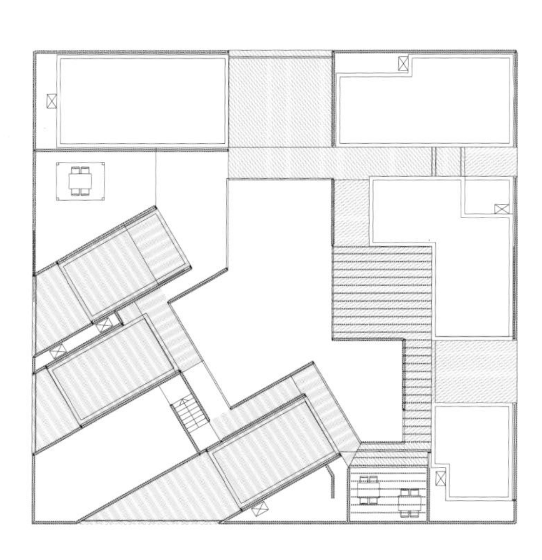

① 水面
② 凹凸砖墙
③ 茶室

1		4	
2	3	5	6

1–3 / 竹屋一天不同时段的晦明变幻
4 / 内院夜景
5 / 室内顶棚的装饰与户外竹篱呼应
6 / 回廊一角

地点 / 江苏省扬州市施桥园
面积 / 400 m²
设计 / HWCD Associates
设计师 / 孙炜
设计时间 / 2010 年
竣工时间 / 2012 年
文字 / 夕颜
图片提供 / HWCD Associates

4

住宅

垂直玻璃宅

春晓镇的建筑实验

聚舍

半园半宅

VERTICAL GLASS HOUSE
垂直玻璃宅

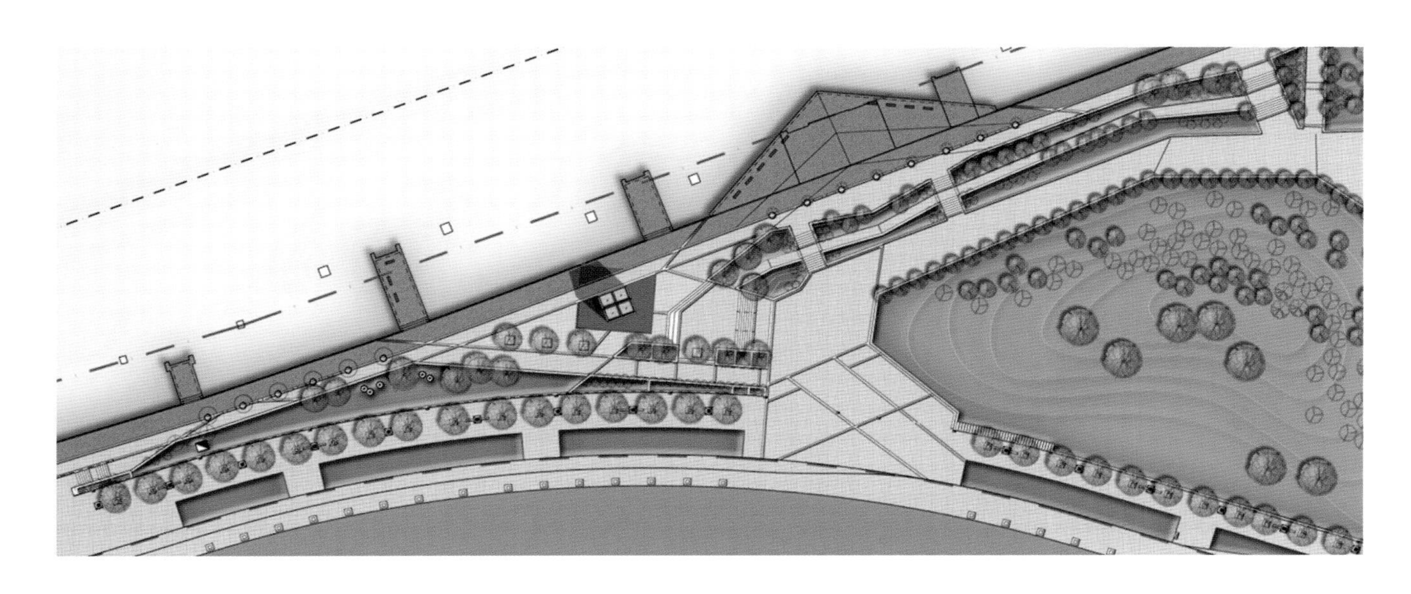

1 / 北立面外观
2 / 基地平面

垂直玻璃宅为张永和于 1991 年获日本《新建筑》杂志举办的国际住宅设计竞赛佳作奖作品。22 年后的 2013 年，上海西岸建筑与当代艺术双年展将此设计作为参展作品建成。

垂直玻璃宅，作为一个当代城市住宅原型，探讨建筑垂直相度上的透明性，同时批判了现代主义的水平透明概念。从密斯的玻璃宅（如 Farnsworth）到约翰逊的玻璃宅都是田园式的，其外向性与城市所需的私密性存在着矛盾。垂直玻璃宅一方面是精神的：它的墙体是封闭的，楼板和屋顶是透明的，于是向天与地开放，将居住者置于其间，创造出个人的静思空间。另一方面它是物质的：视觉上，垂直透明性使现代住宅中所需的设备、管线、家具，包括楼梯，叠加成一个可见的家居系统；垂直玻璃宅成为对“建筑是居住的机器”理念的又一种阐释。

此 2013 年在上海建成的垂直玻璃宅完全以 22 年前的设计为基础，并由非常建筑深化发展。该建筑占地面积约为 $36m^2$。这个四层居所采用现浇清水混凝土墙体，其室外表面使用质感强烈的粗木模板，同室内的胶合木模板产生的光滑效果形成对比。在混凝土外围墙体空间内，正中心的方钢柱与十字钢梁将每层分割成 4 个相同大小的方形空间，每个 1/4 方型空间对应一个特定居住功能。垂直玻璃宅的楼板为 7cm 厚复合钢化玻璃，每块楼板一边穿过混凝土墙体的水平开洞出挑到建筑立面之外，其他三边处从玻璃侧面提供照明，以此反射照亮楼板出挑的一边，给夜晚的路人以居住的提示。建筑内的家具是专门为这栋建筑设计，使其与建筑的设计理念相统一，材料、色彩与结构和楼梯相协调。与此同时，增加了原设计中没有的空调系统。

西岸双年展将垂直玻璃宅作为招待所，提供给来访的艺术家 / 建筑师使用，同时也作为一件建筑展品。

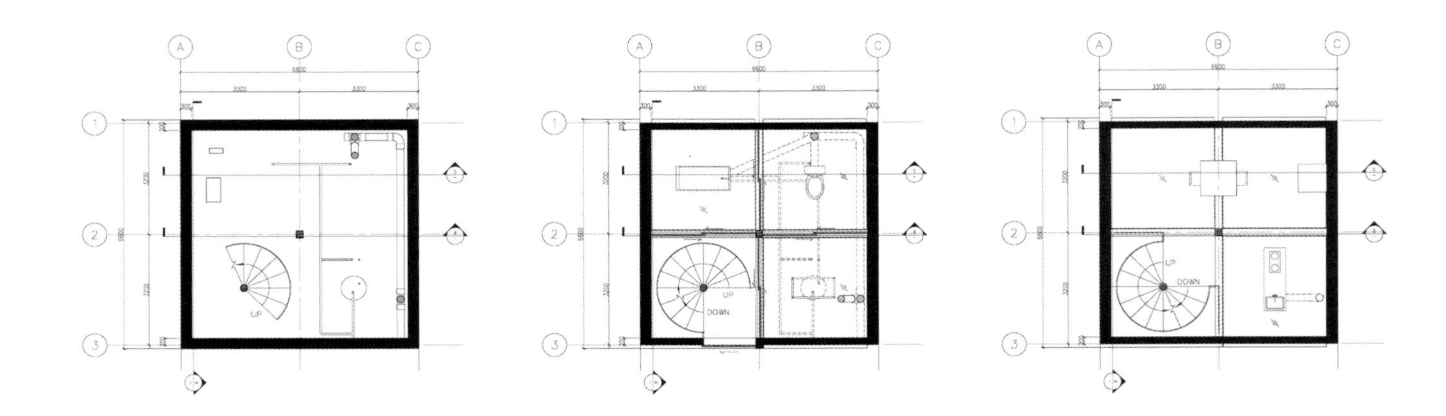

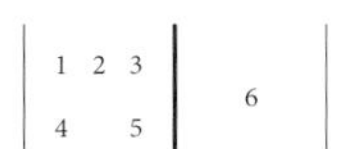

1 / 地下一层平面
2 / 一层平面
3 / 二层平面
4 / 室内顶层
5 / 节点详图
6 / 浴室

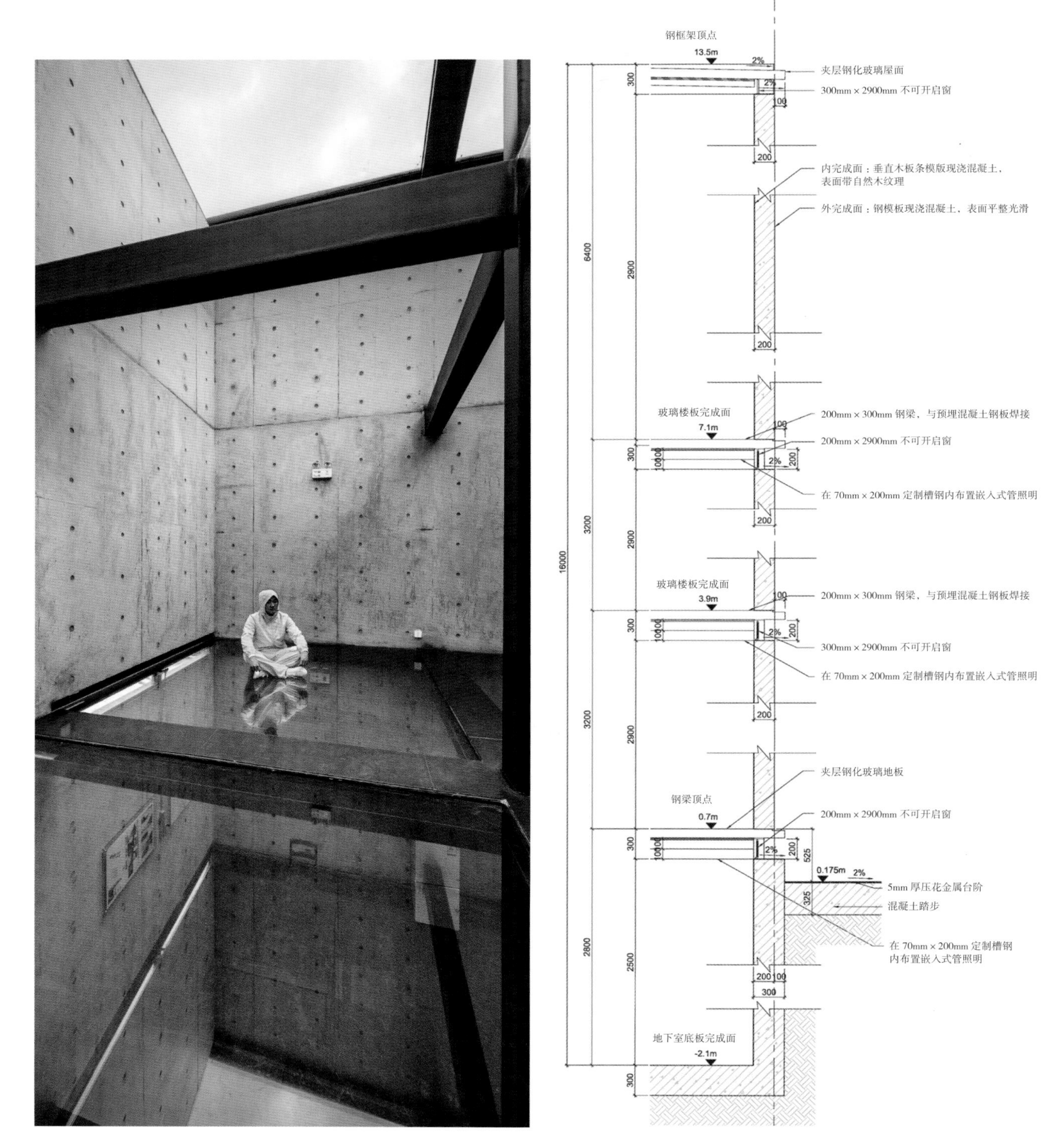

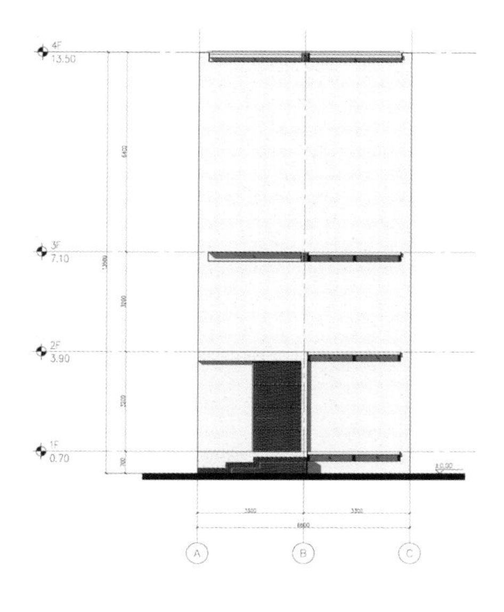

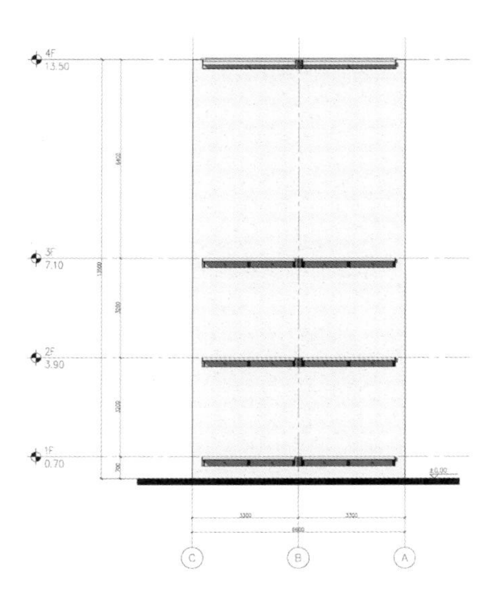

1 / 厨房
2 / 北立面
3 / 南立面
4 / 楼梯
5, 6 / 剖面图

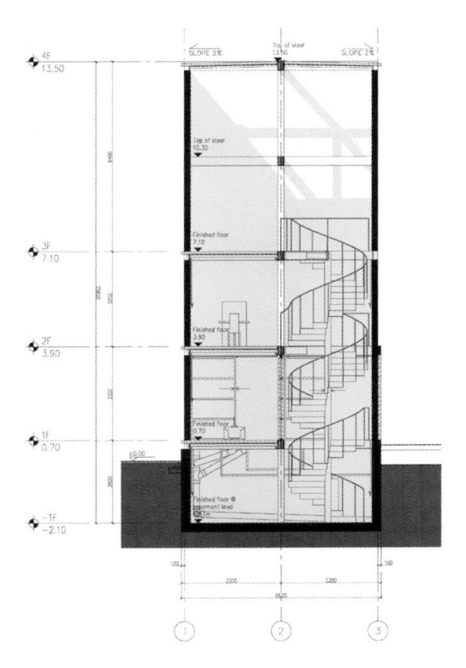

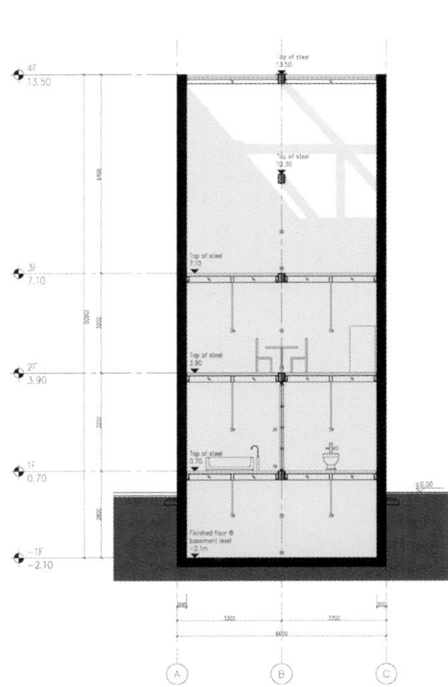

地点 / 上海徐汇区龙腾路
设计单位 / 非常建筑设计事务所
主持设计 / 张永和
项目负责 / 白璐
项目团队 / 李相廷、蔡峰、刘小娣
施工合作 / 同济建筑设计院
业主 / 上海西岸
竣工时间 / 2013 年
建筑面积 / 170 m²
类型 / 住宅、展览
文字 / 张永和
图片提供 / 非常建筑

THE ARCHI-EXPERIMENT IN CHUNXIAO TOWN

春晓镇的建筑实验

微博繁荣时代，一则被转发上万的微博称在宁波发现了“柯布西耶”。这个引起当时无数讨论的话题制造者，正是建筑师王灏。当时，他刚从德国斯图加特大学硕士毕业回国。而在此之前，本科毕业于同济大学建筑系的他已在设计院工作了多年，参与了不少大型项目设计。选择回到乡间造房，对王灏而言，是自然不过的事情。他的老家就在宁波北仑港春晓镇，引起多方关注的“柯宅”正是他为表弟建造的婚房。而春晓镇上生活的人大多姓王，都是与王灏沾亲带故的族亲或是同学。

时隔多年，王灏再看当时的建造实践，觉得“一看就是城市建筑师造的房子”，“换做现在设计，会处理得更收敛一点”。然而，那栋出格的建筑引起的反响，却是王灏开始反思当下中国青年建筑师处境的起点。这也是他为自家在春晓镇老宅谋划改建的缘起。

“中国青年建筑师在乡土领域大有所为，但我认为乡土建筑这个词太大，我只能说我是去做农民房的建筑师，不能讲我是城市建筑师去做农民房”，王灏如是说。他认为位于乡村的民居给予建筑师无限的可能性。这栋自宅，他花了一整年时间琢磨改建方案，从开始动工起，他几乎一直在工地现场与帮忙造房的村民比划怎么建造，说服帮工接受他的“超现实”想法。王灏发现：“过去造房子有伦理，村里最聪明的人造什么房子，村民就造什么房子。现在是万科造什么房子，村民造什么房子。农民的学习途径改变了，没有专业人士指导，学到的都是最商业的东西。”王灏将这样的磨合过程称作“在地”。除了建造房子，他认为，在地性还应包括建筑师为民居设计的家居，甚至五金铰链等细节，最终抵达以自下而上方式影响当下“农民房”审美及合理改善功能的趋势。

自宅的设计方案属于王灏在春晓镇的建筑实验中最为游刃有余的项目，一是为自己家设计，可以省了说服这关，二是在这个项目的设计方案上，王灏的设计思路刻意地进行了几处生活方式角度的新探索。建筑由两部分组成，保留了原址的部分老墙，王灏特别指出入口处的墙，是他父亲当年一手砌砖造起来的。新建部分一律采取裸露红砖的形式，按照他的说法，“梁柱和楼板、墙的结构关系可以被‘表现’”。而客厅一角的天井，被设计成中国传统建筑中“中堂”的形制，配合宽敞的红砖制客厅家具，俨然是传统文人画的场景。以至于有朋友戏谑地为此场景绘制了一幅身穿儒服的老年版王灏在此悠哉生活的水墨画。

目前，自宅的模式还只是“半成品”，王灏还有无数个点子计划在不远的未来实施。春晓镇的其他角落，还有几处房屋正等待王灏“动手”建造。未来，或许春晓镇上出没的陌生人会更多。慕名而来看建筑的人是否会引起村民改建自宅的想法？就像是蝴蝶效应原理所揭晓的，一切都是未知。

1 / 天井出自传统中式建筑的中堂理念

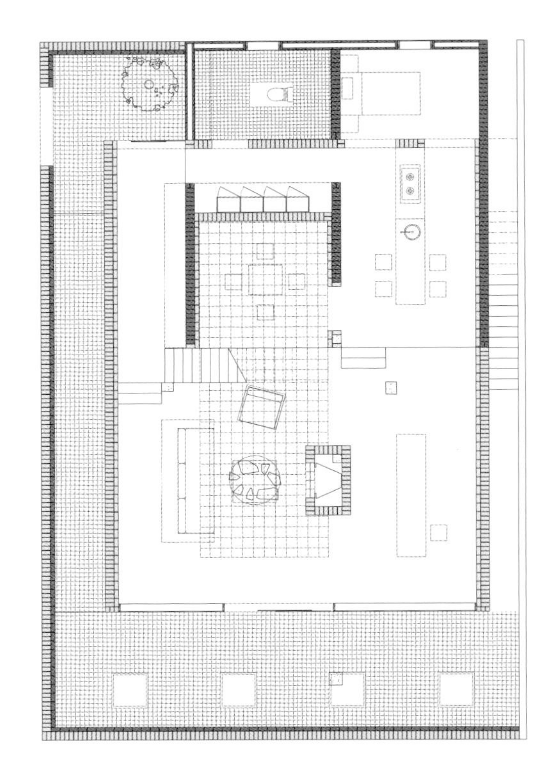

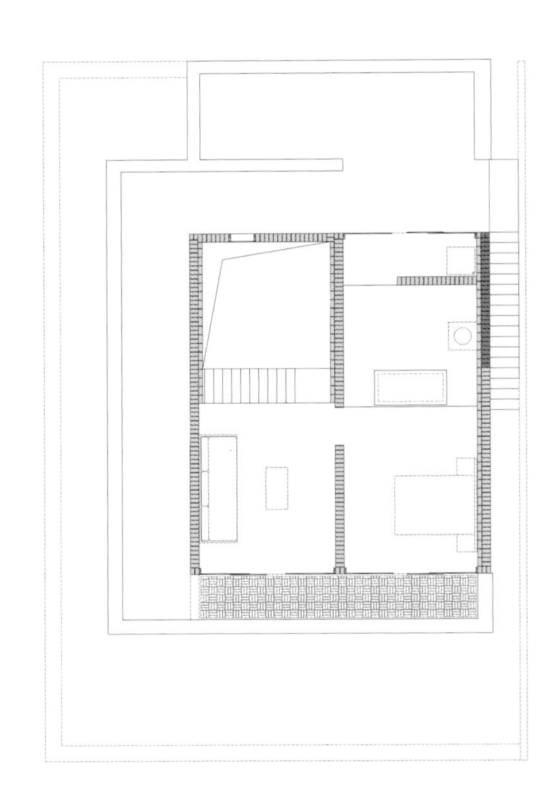

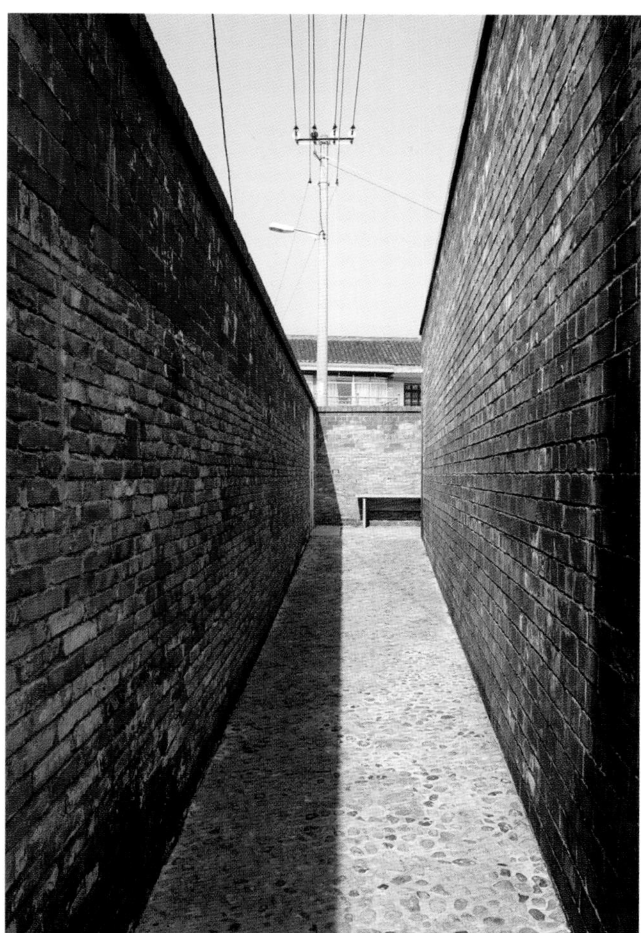

1	2	4	5
	3		6

1 / 一层平面
2 / 二层平面
3 / 自宅外观
4 / 透过餐厅看天井
5 / 楼梯与墙的关系
6 / 进入内部的狭长通道

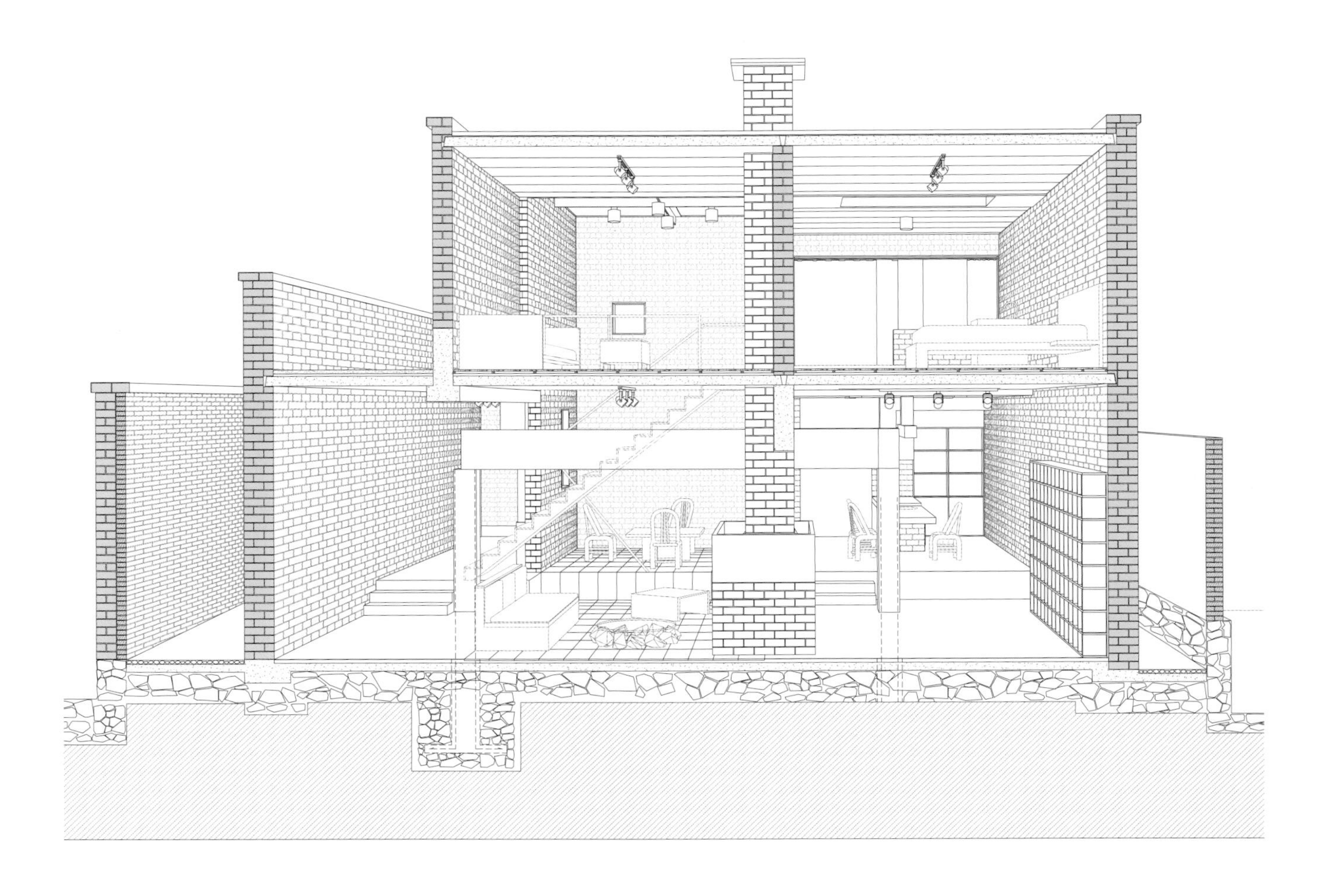

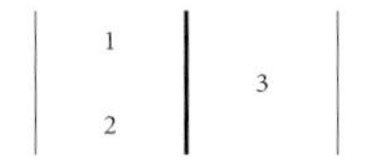

1 / 剖面图
2, 3 / 敞开式的内部空间

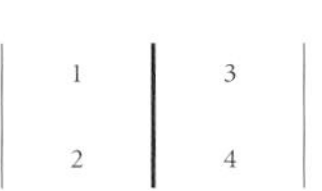

1, 2, 4 / 二层室内
3 / 餐厅

地点 / 浙江省宁波市北仑区春晓镇
建筑面积 / 约 250 m²
场地面积 / 约 220 m²
结构设计 / 洪文明
设计团队 / 佚人营造建筑师事务所
施工团队 / 本村老泥匠及村民
设计时间 / 2010 年
竣工时间 / 2013 年
文字 / 塔耳
摄影 / 刘晓光建筑摄影工作室

TAPERED HOUSE
聚舍

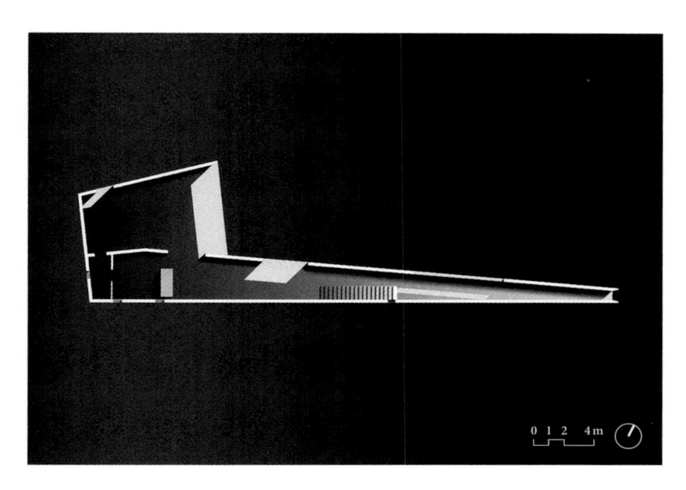

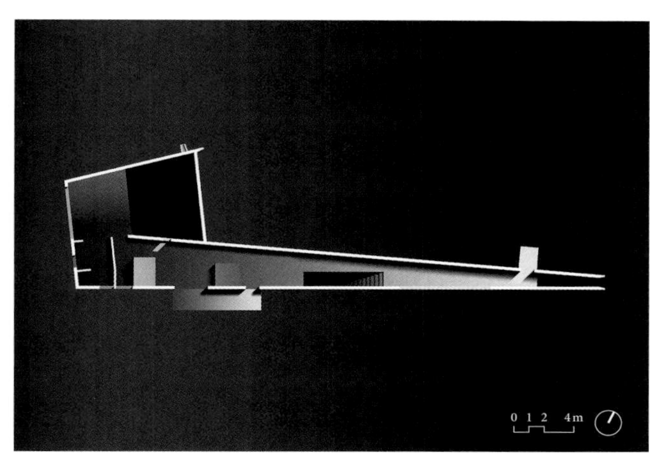

1 / 建筑局部
2 / 一层平面
3 / 二层平面

“聚舍”位于顺德近郊，处于一面约9m高的悬崖之上，选址呈梯形，从西往东扩张，基地总面积670 m²，建筑面积230 m²。

除了作避暑之用，设计时还加入了展览的元素，让房子的主人可在画廊里展览有关已故武打明星李小龙的藏品，如电影海报、剧照等等。“聚舍”因此分为两部分：形态倾斜且伸延的画廊和较为宽敞而沉实的起居空间。

画廊门窗的位置都是依照着采光与视觉效果的考虑，末端一面8m高的玻璃窗，引导观者从藏品放眼到窗外的世界，构造视觉上由内而外的延伸。窗两旁的水泥墙上雕刻着李小龙的名句——以无限为有限、以无形为有形。而从社区的角度来说，由东往西延伸的画廊把悬崖下的旧村落与悬崖上宁静的新住宅区明确分隔开来，在这社区的边界上构筑了一个视觉的落点。

沉实的起居空间与画廊内部是相连的，在这里空间的关系较为一体。起居室包括了大厅、饭厅和开放式的厨房，亦可以直通外面的花园。从二楼的睡房，主人可俯视一楼的起居室，在视觉上构成了空间的一体性。开敞的花园与修长的画廊形成了空间的平衡，在保留开放性与私密性的取舍上亦恰到好处。

该项目位于一年四季都炎热和潮湿的中国南方，倾斜的屋顶（宽8 m ~ 0.5 m）和侧壁（高9 m ~ 6.5 m）组合成圆锥形的内部容积，连同容积尽头8m长的窗口，建筑造型显著地改善了建筑物内部的自然空气流通，从而减少冷却负荷。画廊部分的开窗经小心安排以尽量减少对展品的伤害。现浇混凝土 / 砖石混合结构的填充墙施工方法进一步加强了绝缘效果。

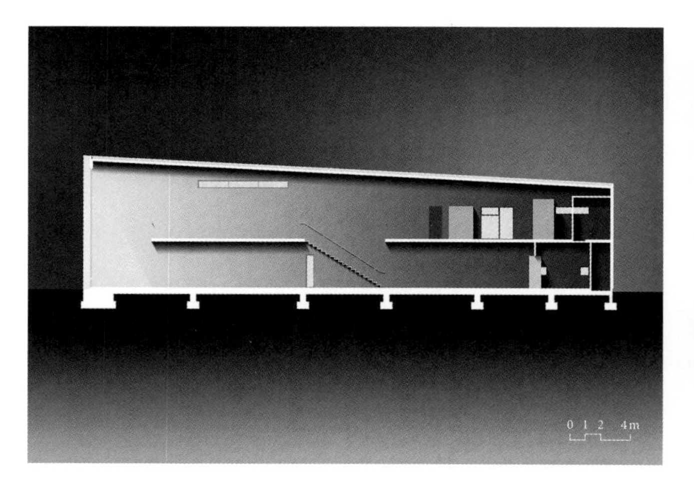
0 1 2 4m

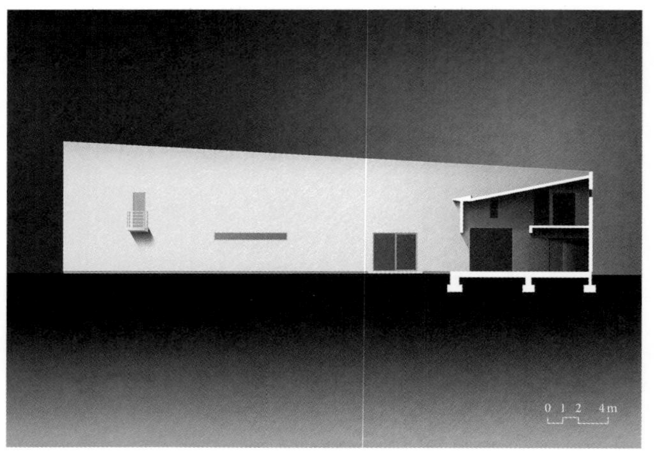
0 1 2 4m

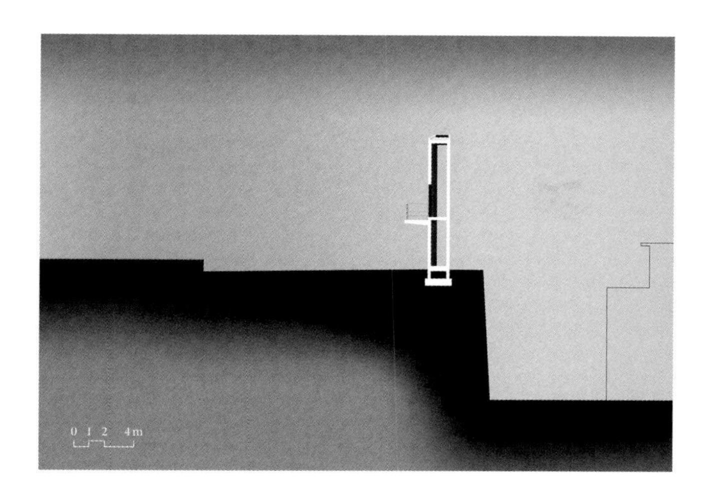

1 / 住宅外观
2–7 / 剖面图
8 / 倾斜延伸的画廊
9 / 住宅外观

1	2 3 4 5 6

1 / 客厅
2 / 饭厅
3 / 卧室
4 / 良好的观景体验
5 / 优美的照明效果
6 / 家具细部

地点 / 广东省佛山市顺德区
基地面积 / 670 m^2
建筑面积 / 250 m^2
主设计师 / 李亮聪
设计团队 / 翁世俊、郭善禧、赵启聪
竣工时间 / 2012 年 4 月
摄影 / Hunga Chan, Hong Kong Cultural Imaging Workshop LTD

HALF GARDEN HALF HOUSE
半园半宅

本项目位于江苏吴江的芦墟镇——一个江南水乡裂变后的现代城镇。如果从上海市人民广场出发，驱车一路向西，喧嚣的都市渐渐隐去，水乡田园的自然风貌次第展开，不出 80 km，就到了芦墟镇。318 国道和太浦河穿镇而过，南边是拥挤的市井老镇，北侧却是火热建设中的开发区。

芦墟老镇改造项目是“318 城镇复兴计划”的起点，此计划在 318 国道沿线选择合适的镇子做小规模的改造复兴。项目用地前身是一片废弃的旧式厂房，东西两侧有水环绕，几间硬山瓦房围成了若干小院。

改造项目被定义为一次集群设计游戏，旨在经由设计思考重新激活场地，给当代城镇更新注入新鲜血液，并打破设计师与使用者的身份界限，让业主和设计师共同完成平常生活的设计。一字型的旧厂房按照柱网结构划分成若干间，本项目的改造对象是自西向东数的第二间，并不紧邻水边，但亦相隔不远。房子面宽 8m，进深 10m，室内净高约 5.2m，双坡瓦屋面。

对于设计者而言，首要面临的困难或者说挑战，就是开发商在设计之初已经定下的游戏规则：项目总造价（包含建筑、景观和室内改造）需要被控制在一个远低于国内平均水平的数目上。于是如何在极低造价的情况下，依然能够实现一个有品质的建筑成为了设计的主要命题。

尽管这是一个以室内改造为主的项目，但设计师仍选择用建筑设计的视角来考量整个设计：人的进入方式、房子如何使用、光线的分布和空间的氛围都是设计者反复思考的命题。房子三面有邻北向开口，唯一的河流景观可由北侧的高窗体验到。结构上的变化是第一步也是关键的一步——两道墙和一块板作为新元素被置入空间，钢框结构体被轻轻嵌入老房子，空间被分隔为一半住宅，一半院落。

房子的入口是个门洞，它引诱人进入。进入后需要转折两次方能到达庭院空间，对观者而言，既是对外部空间的隔离，也是人心理状态转换的界面。宅子架空的底层供人起居，面向院子，可聚会聊天，亦适合独坐静思。

院子一侧密植青竹，竹影婆娑是庭院的生机之所在。江南多雨水，水便是此宅造园之魂。7m 长的钢制水镜倚在院墙边，映射天空和竹影，是沉思默想之地。底层左侧露出一小段楼梯，暗示着此处的别有洞天。拾阶而上，二层的居住空间朝向河流和乡村打开视野，是对外部资源的有效利用。其内部以朴素为要，素混凝土的洗手台，回收来的旧木地板，预制混凝土挂板，磨砂玻璃与环伺白墙共同营造了一个让身心松弛的空间。室内朝向院子的落地窗可悉数打开，午后的阳光经由窗子的反射形成迷离破碎的光。

物言建筑工作室的创始人张政祎认为：“乡村营造充满了趣味和机变。每一次的现场跟踪都是一次大考，建筑师需要熟悉营造匠人的习惯和能力范围，以便迅速的做判断。不过，通常他们都比建筑师有办法。我们喜欢在项目中有意外的因素介入进来，打破建筑师图纸上的完美设计，让营造和使用成为空间真正的主角。”

这个项目是对中国当代城镇更新的一种类型学实验，让普通人可以用很小的投资去实践一种梦想的生活方式，是城市生活的换位思考。它探讨了极低造价下的设计策略和控制方法样本。设计者通过与匠人紧密配合，及时调整设计策略以及大量现场的节点处理，构成了一种基于营造本质的建筑学实践。而以空间氛围设计作为旧房改造的主体，摒弃单纯的室内装饰设计方法，亦是其意义所在。

1

1 / 建筑光影

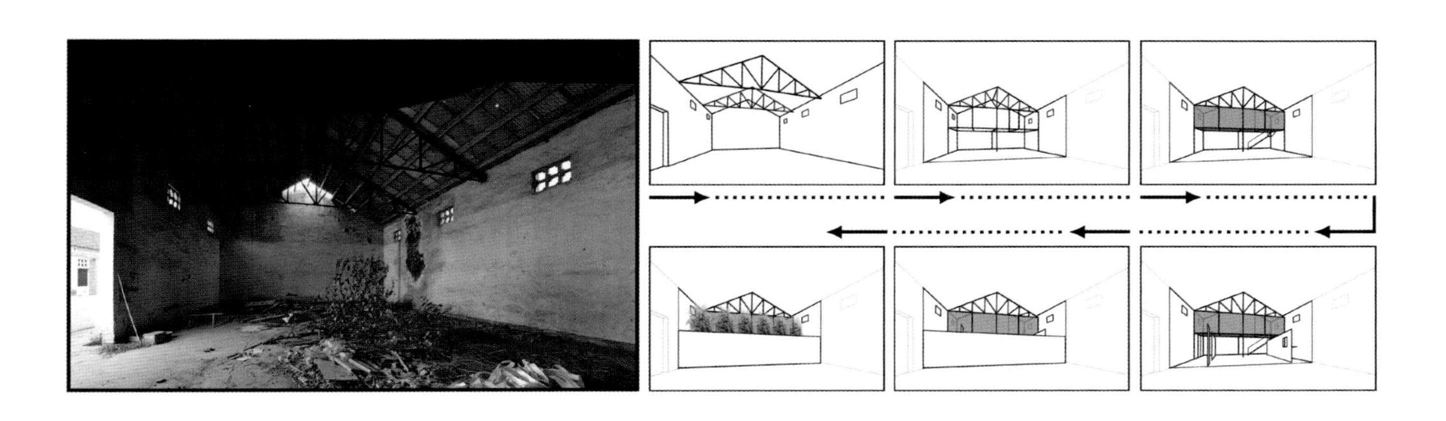

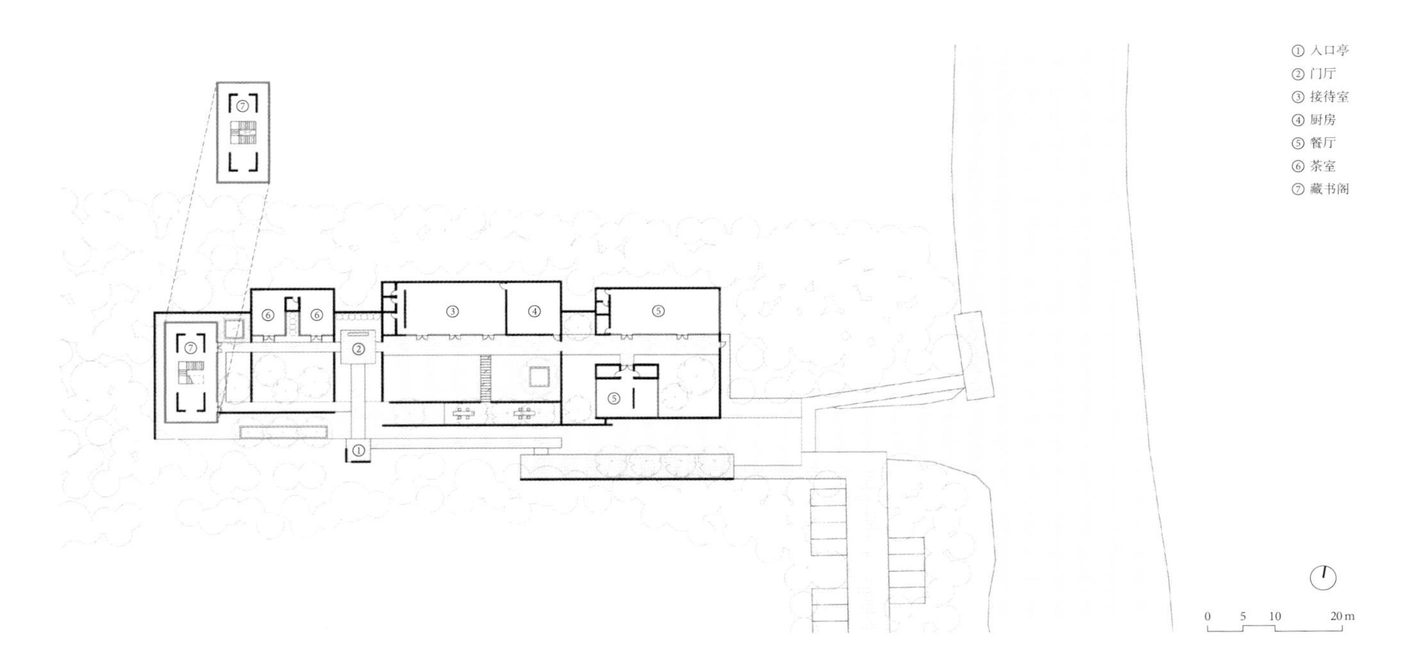

1 / 场地环境
2 / 院子一侧密植青竹
3 / 架空的底层
4 / 分析图
5 / 总平面
6 / 入口
7 / 7m 长的钢制水镜倚在院墙边

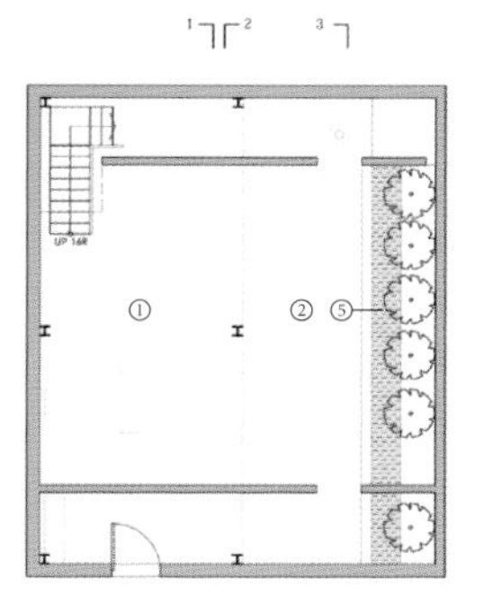

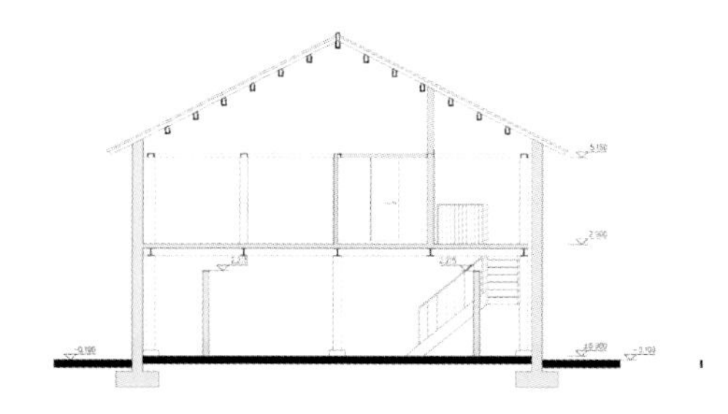

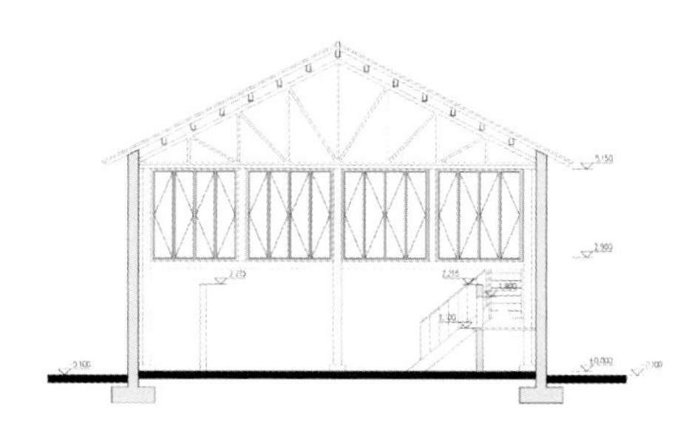

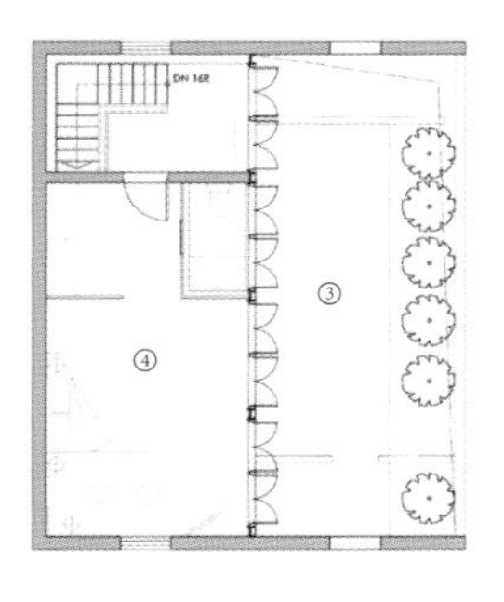

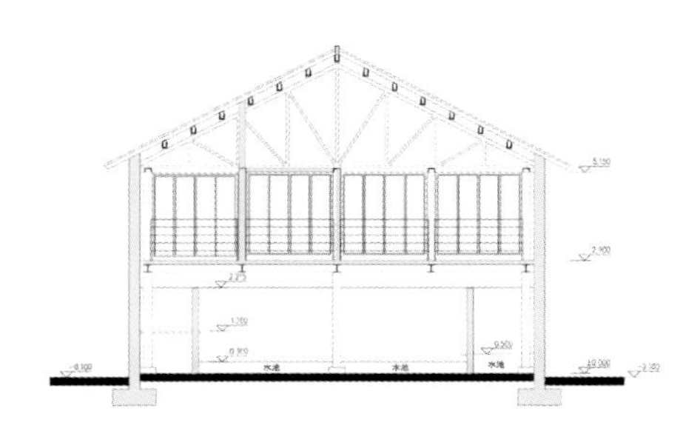

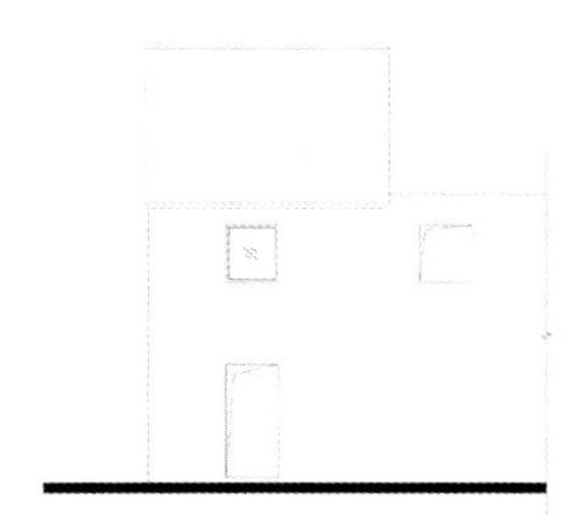

① 起居
② 庭院
③ 庭院上空
④ 卧室
⑤ 水池

1, 2 / 二层居住空间
3 / 一层平面
4 / 二层平面
5–7 / 剖面图
8 / 北立面
9, 10 / 楼梯

地点 / 江苏吴江芦墟镇
面积 / 77.8 m²
建筑面积 / 64 m²
设计 / 物言建筑工作室
主要材料 / 钢、透光亚克力、岗石
设计时间 / 2012 年 7 月
竣工时间 / 2012 年 10 月
图片提供 / 物言建筑工作室

5

商业建筑

乐町墅售楼处

临安太阳竹构猪圈

武夷山竹筏育制场

新
力迎来

LTS SALES OFFICE
乐町墅售楼处

由两幢塔楼构成的乐町墅，是一处位于郑州市的高层公寓。因其注重混合功能的开发，强调现代风格的设计，再搭配上灵活多变的跃层户型，乐町墅的目标受众被定位在有活力、有激情、对生活品质有一定追求的年轻消费者。而售楼处的设计，也正是基于这一情况展开。

由于整个综合地产项目位于城市西北角的城市老区的更新区域，南北向的主干道连接了火电厂、铝厂、城中村、监狱、西流湖公园的入口，并穿插新的社区，设计师希望这座售楼处能与嘈杂拼贴的城市环境形成强烈的反差，但又保持谦逊的态度，并展示出项目的特质并增加对年轻群体的吸引力。在设计售楼处时，"现代"、"轻松"及"活力"构成一条主线索。

乐町墅售楼处的用地为西向的长边面向南北向主干道路的狭长的L形，受制于有限的占地面积，设计为一栋2层建筑。并在外部做铝格栅包裹，这一方面是有效地利用了空间，使得售楼处有了更大的接待容量，在另一方面浅色铝格栅的设计也进一步强化了售楼处的现代感和若隐若现忽远忽近的距离感。值得一提的是，这小小的售楼处内南北两端还贯穿了两个大小不一的庭院，院内植上翠竹簇簇，倒是绿意葱茏，生机盎然，烘托出一派轻活灵动的氛围。北部的庭院为东西向延展，为公共的庭院，也作为售楼处北部乐町墅工地及样板房的主入口的缓冲。南部的庭院南北向延伸，为办公区私密的庭院，也作为卫生间的生态遮蔽。

再回到入口处，而非一眼望穿而直接进入，一个半透光的步道右转，将客人迂回地迎入大厅。两层表皮使得这座很小的建筑有更多的空间延展和多重体验。步道边也培有绿植，再加上透射而入的、充满暖意的阳光，这售楼处自入口便散发出别样明朗、轻快的意味。进入主厅，客人将看到乐町墅的沙盘展示，北部为公共的庭院，东侧为两层高的铝格栅，之后为若隐若现的通达二层办公区的楼梯，南侧为休息处，邻接南部的是私密庭院。建筑虽小，但随着人的走动和其视角的变化，那巧妙设计布置的隔断与植物，便在无意间给人以变幻多端之感。由此，人与风景、空间便形成了多重的对话。喃喃细语间，有的是朦朦胧胧的日光，是斑驳的树影和错落的栅影，还有在闹市中的那一缕难得的清新。

1 / 外立面局部

乐町墅

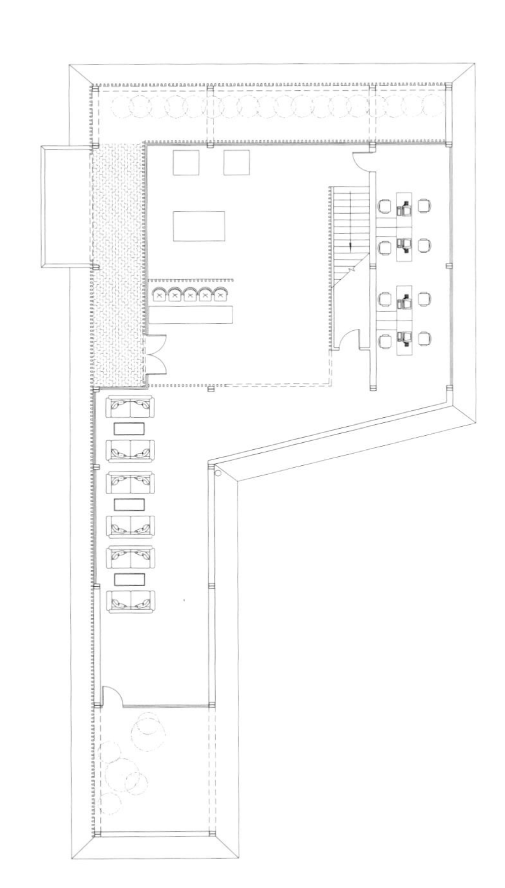

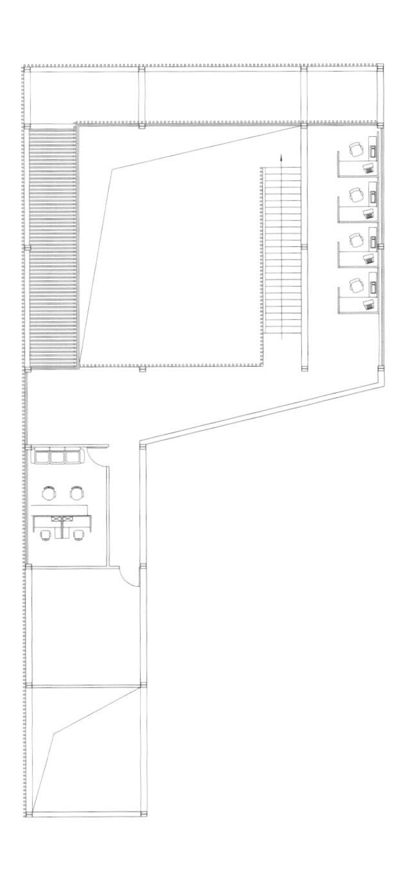

1	3
2	4 5

1 / 外观夜景
2 / 外立面局部
3 / 步道内部
4 / 一层平面
5 / 二层平面

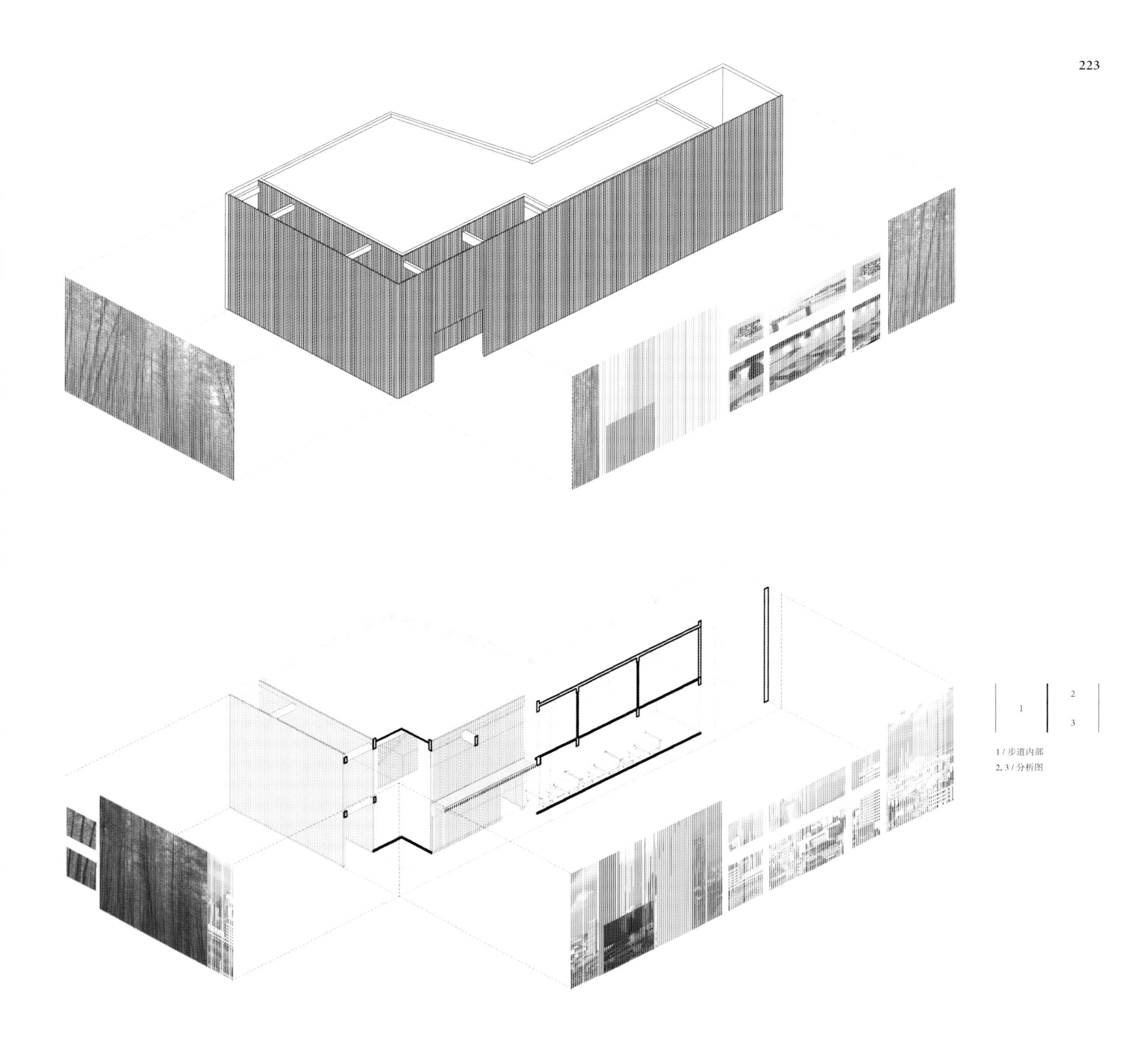

1 / 步道内部
2, 3 / 分析图

地点 / 河南省郑州市
基地面积 / 270 m²
建筑面积 / 303 m²
建筑设计 / 王飞
设计时间 / 2011 年 12 月 ~ 2012 年 5 月
竣工时间 / 2012 年 9 月
撰文 / 小树梨
图片提供 / 上海加十国际设计机构

LIN'AN TAIYANG BAMBOO-STRUCTURE PIGSTY

临安太阳竹构猪圈

在日渐污染的城市大环境中，生态化的农村不仅输出洁净的食品，更同时成为城市人回归乡野参与农作之场景。原竹和茅草等自然材料由农人收集，和城市人合作，集体搭建出新农村需要的系列构筑，并在过程中重建当地的经济和手工业。并非永恒，自然建造却使新农村生活变得更有“可持续性”，为新乡村的社会实践提供几种建筑的范本。

建造的第一个房子是农场的畜舍，即猪圈。这是位于一处僻静小山谷内的牧场，计划放养100头猪。以轮牧的方式保护饲养环境,并搭建一座可容纳100头猪的临时畜舍，需要不占用农田的同时降低造价。

设计师首先考虑的是材料。在距离工业区遥远的乡间，工业材料需要长途运输才能到达山区，而当地自然材料却极为充沛。在遍布山谷的溪流中埋藏着厚达几米的卵石堆，这些产自远古的卵石常常被运到城市中作景观工程，早年曾很价廉，近年价格快速上升，在乡间却随处可见。同样遍地可见的是山间屋后的毛竹，该区域和邻县安吉一样盛产毛竹。竹的种类和品质却会因土质的不同而发生很大的变化。不远处的余杭铜陵因其土地富含铜矿，产出的苦竹有特别的音质，因而成为著名的竹笛之乡。该县的毛竹也颇具特色：冬季采集的毛竹带有厚实的竹青，可防虫蛀。农人中很多也是竹匠，在农忙前后搭建竹屋制作竹器，也是历来的传统之一。

设计师陈浩如谈到：“我因为对竹有特别的兴趣，就开始研究竹构建筑。而搭建竹屋的匠人，也成为我的合作人。罗澍青是双庙村中第三代竹匠，罗的父亲和两个兄弟也都是竹匠，近年来却不得不转向其他生意，因为工业材料对乡间的渗透使竹构逐年没落，竹匠后继无人。这次试验遂成为复兴竹建筑手工艺的一个契机。”

场地周围的山坡上竹林茂密，生长着一人多高的茅草，为猪圈提供了主要材料。冬季的毛竹不易虫蛀且材质坚固。经竹匠判定：靠这冬竹搭建的构筑，在经过合适的遮光和防水以后，使用时间可以达到五年。屋顶使用的茅草也采自附近山谷，由村民在农闲的时候上山采集和手工编织而成。然而竹子始终是种很难保存的材料，单独放在室外容易变黑开裂，所以和茅草搭在一起，使用倾斜的屋面，让雨水沿着茅草的细杆流入用竹筒制作的天然排水管，最终落入农田的泥土中。

茅草因内部实心坚硬而成为传统屋面防水材料。在编织时考虑水势方向，和瓦片方向类似，同时保留着透气的传统。“可呼吸性”是传统建筑中的重要法则，其使室内和室外的毛细血管状的空气流通，是以自然材料可以保持相当程度的湿度和弹性，使建筑物得以持久。

屋面设计上并没有采用工业防水层的做法，这是因为防水层的密闭会导致底层茅草迅速腐烂而无法持续。茅草爿的导水构造在防水同时保持透气，空气得以从建筑内部上升，流出屋面，在雨后加速吹干茅草。茅草需要每年加厚，草顶的厚度有时候决定于主人的财力，即屋顶的“厚度”是一种地位象征。而每年翻修屋顶的农村习俗，实在源于自然材料的逐渐消解。建筑中人力维修的通常性，通过融合入农业历法，进而演化成一种习俗。

基地选址的一片小竹林属于农户罗家，位于田间靠近山的位置，并可在进入山谷时清晰可见。“动土”是中国风俗中的一件大事，日期选择和地点控制极为讲究，只因对土地和风水的改变属于大忌。因此，设计师对建造过程的

1

1 / 外观

1 / 剖面图
2 / 猪圈竹构长立面图
3 / 猪圈竹构顶视图
4 / 夜景
5 / 外观

处理非常谨慎。在搭建茅屋的时候,利用原有地面和排水沟,不再动土开挖，更是完全不做地基，只放置了 10 个 1m 宽、1.2m 高的卵石墩作为竹构的地面支撑，在此之上是直接放置竹构的落点。传统建筑中将木柱直接放置于夯实地面上的石墩上，其屋面结构的连接吸收了土地沉降带来的不稳定性。这也是陈浩如从研究中国古代建筑中吸取到的灵感，他在参观宁波保国寺时，见其宋代木柱呈向心倾斜而历千年不倒，从而觉察到中国木构的稳定性实在是自上而下的，因而可承受地面的不稳定。在一片未经过处理的农田里，整个巨型青竹构筑连成一个自我稳定的结构体，如同一只大鸟落在溪坑卵石砌成的矮墙上。石墩就像大鸟的爪子，紧紧抓住泥土。大片茅草铺成的倾斜屋顶高高耸立，犹如大鸟的宽大有力的羽翼，随时准备振翅而飞。

结构由 8m 见方的基本单元组成。每个基本单元由 4 根主龙骨撑起一组稳定的金字塔结构。四边再撑起两个方向延伸的屋面结构，遂发展出一个空间单元。由于跨度的需要，单元的高度为 4m 左右。架上 1m 左右的矮墙，和邻近的小山呈合适的尺度关系。

原竹林的场地长 37m，刚好可以搭建 4 个单元，前后可以留出场地出入，田埂和水渠都不必改动。 竹构的跨度为 8m，四个单元长 32m，前后挑出 2m。两侧的开口利用竹构形成 4 个宽 6m 高 4m 的三角空洞，让自然风流动。作为主龙骨的竹子直径至少为 15cm 以上的粗壮青竹，以大于 45° 角的趋势,向上支撑起近 6m 高的整个庞大竹构。内部看，竹构像是 10 个倒置的金字塔，顶上相互连接，由上至下收紧，形成纯净的高大通透的空间，整齐交错的几何形序列，层层展开，重复推向巨大的竹构深处，仿佛可以无限伸展。

经过对动物习性的深入研究及受到农场主的启发，对猪群轮牧和饲养场作了规划。规划内容包括猪群的宿舍区、喂食区、卫生间、喂水区、轮牧区和泳池，并配合猪群的活动路线设计了独立的饲养员过道，既方便投料又可最少程度影响小猪的活动。在炎热晴朗的夏日，猪群在水池游泳的照片激起了所有围观者的惊叹，并为太阳公社的农业实验作了最好的社会推广，展望一种新农业的未来方向。

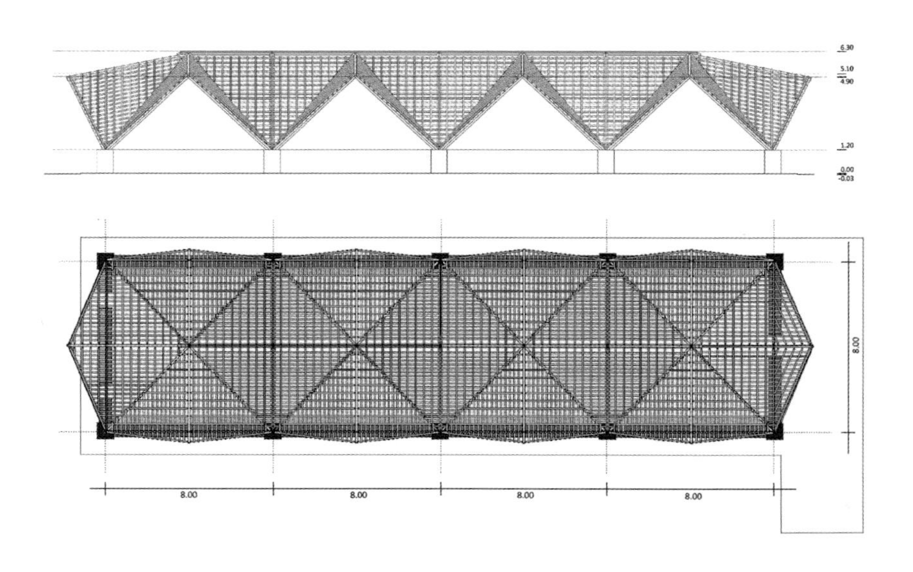

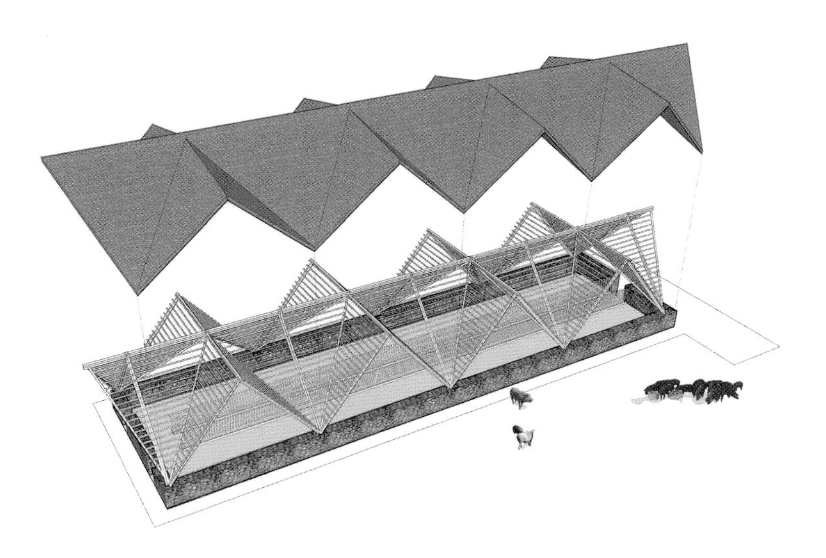

1 / 猪圈内部
2 / 猪圈竹构拆分轴测图
3 / 猪圈内实景

地点 / 浙江杭州临安市太阳镇双庙村
用地面积 / 380 m²
建筑面积 / 261 m²
项目建筑师 / 陈浩如
设计团队 / 谢晨云、马成龙
建造团队 / 罗澍青（工程负责）
特别顾问 / 吴荣贵
结构顾问 / 何荸
甲方负责 / 陈卫（太阳公社）
建筑材料 / 青竹、溪坑石、茅草
设计时间 / 2013 年
竣工时间 / 2014 年
文字 / 陈浩如
摄影 / 吕恒中

WUYISHAN BAMBOO RAFT FACTORY

武夷山竹筏育制场

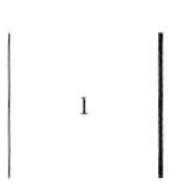

1 / 东北面夜景

武夷山竹筏育制场位于武夷山星村镇附近乡野中的一块台地上，由竹子储存仓库、竹排制作车间、办公及宿舍楼这三栋建筑及其围合的庭院组成。每年冬天这里要采集晾晒约 22000 根毛竹，之后储存于竹子仓库，用于每年 1800 张供武夷山九曲溪旅游漂流用竹排的制造。

基于项目所处的地域条件，及项目预算也较低，设计一开始就立足于充分运用当地资源来建造。结合对当地材料、施工条件的调查以及厂房防火的要求，建筑采用混凝土及木竹等当地材料。结构采用清水混凝土；墙体采用当地非常普及、可以就近生产且价格便宜的空心混凝土砌块，因为厂房建筑没有保温要求，外墙局部将空心砌块横放砌筑使其满足通风需要。屋面采用水泥瓦，竹、木作为遮阳、门窗、扶手等元素出现。所有材料都秉持相同的原则——以不作过多表面处理的方式出现，呈现材料自身的特点。混凝土模板上留下的木纹也成为一种细节。

建筑的布局与朝向结合地形、风向考虑，仓库沿基地西南侧呈线性展开，与主导风向相对，平面内毛竹均按风向角度摆放，以获得最佳通风效果，同时缩小建筑进深，改善室内采光。制作车间分为两组，内部为大跨度空间，横向满足毛竹 9m 长烧制时移动的需要，长向则按照火烧竹尾、竹头和绑扎的工序，形成 3~4 组生产单元。通过顶部开向北侧的侧天窗采光，以避免眩光。与制作区相联系的小尺度空间形成休息、储藏、卫生间、庭院等服务功能。建筑大部分采用坡屋顶以利于排雨和屋顶隔热。

办公宿舍楼采用外廊式布局，布置在场地入口的北侧，一层为办公，二层为宿舍、食堂。设计将走廊布置在南侧面向中间场地方便进出，房间布置在北侧，获得远处田野景观，同时有利于隔热。二层南向外廊采用竹子，形成遮阳格栅，利于隔热通风，也保护宿舍的私密性。

项目的工业厂房性质决定了建筑摒弃任何多余的形式，而在建构上采用最基本的元素，并尽可能呈现其构造逻辑，在营造工业建筑朴素美学的同时获得经济性。

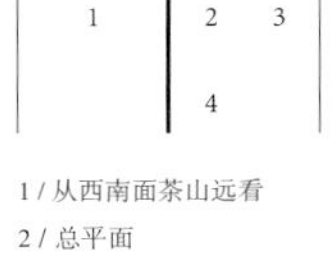

1 / 从西南面茶山远看
2 / 总平面
3 / 风流分析
4 / 从毛竹晾晒场看大车间和办公宿舍楼全景

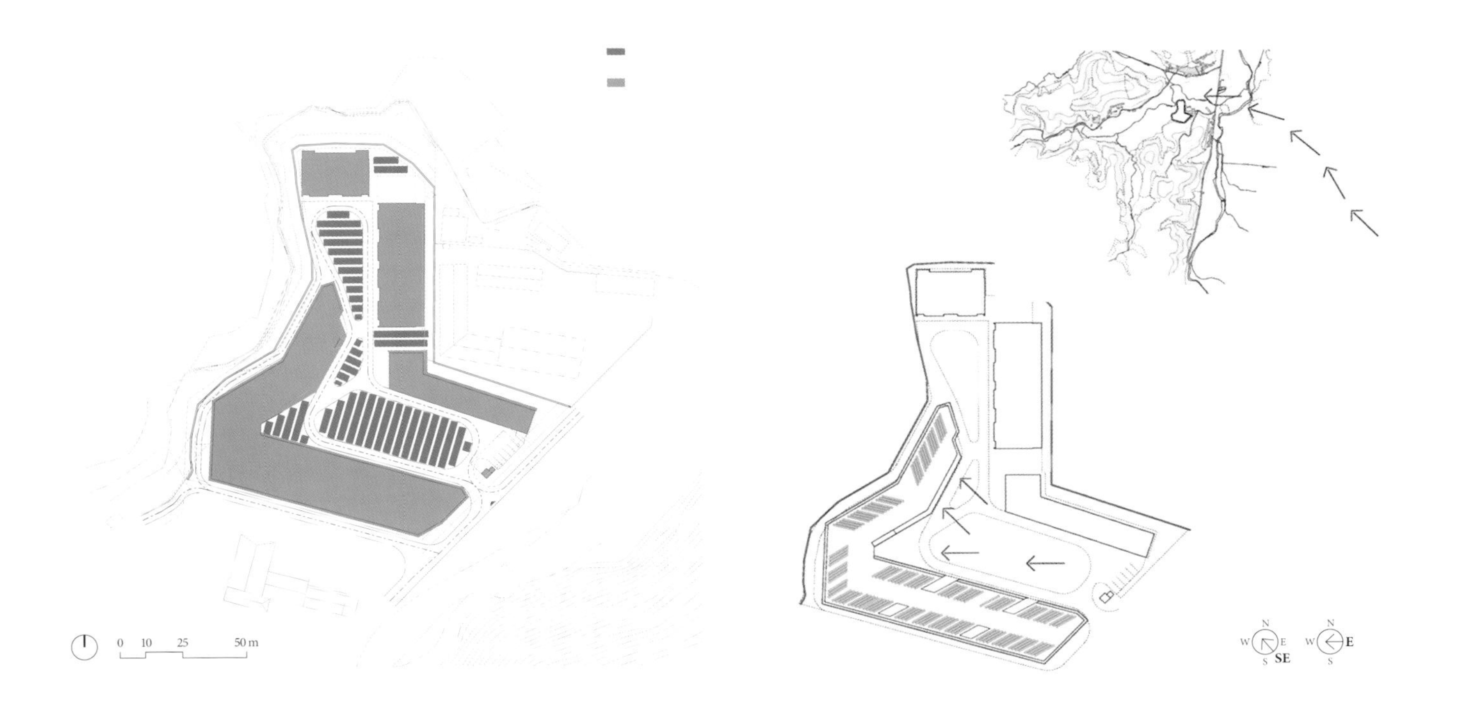
0 10 25 50 m
N
W
E
S
SE
N
W
E
S

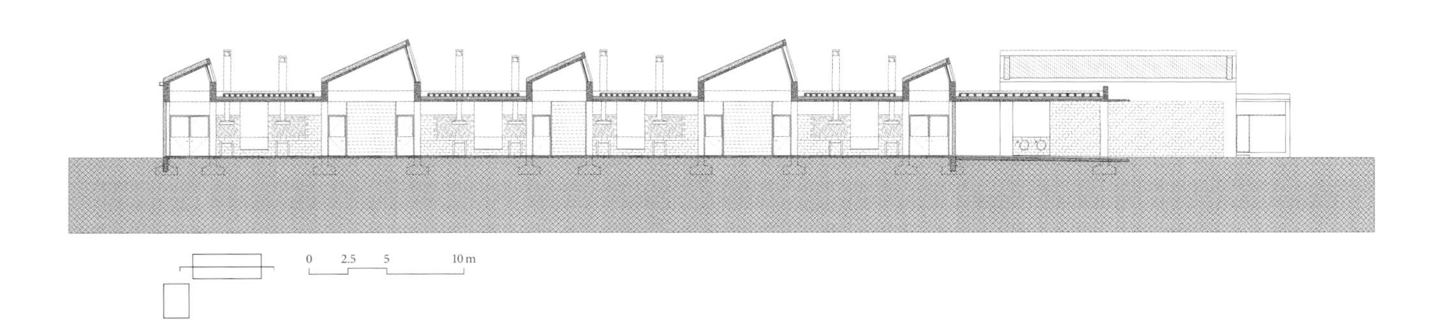

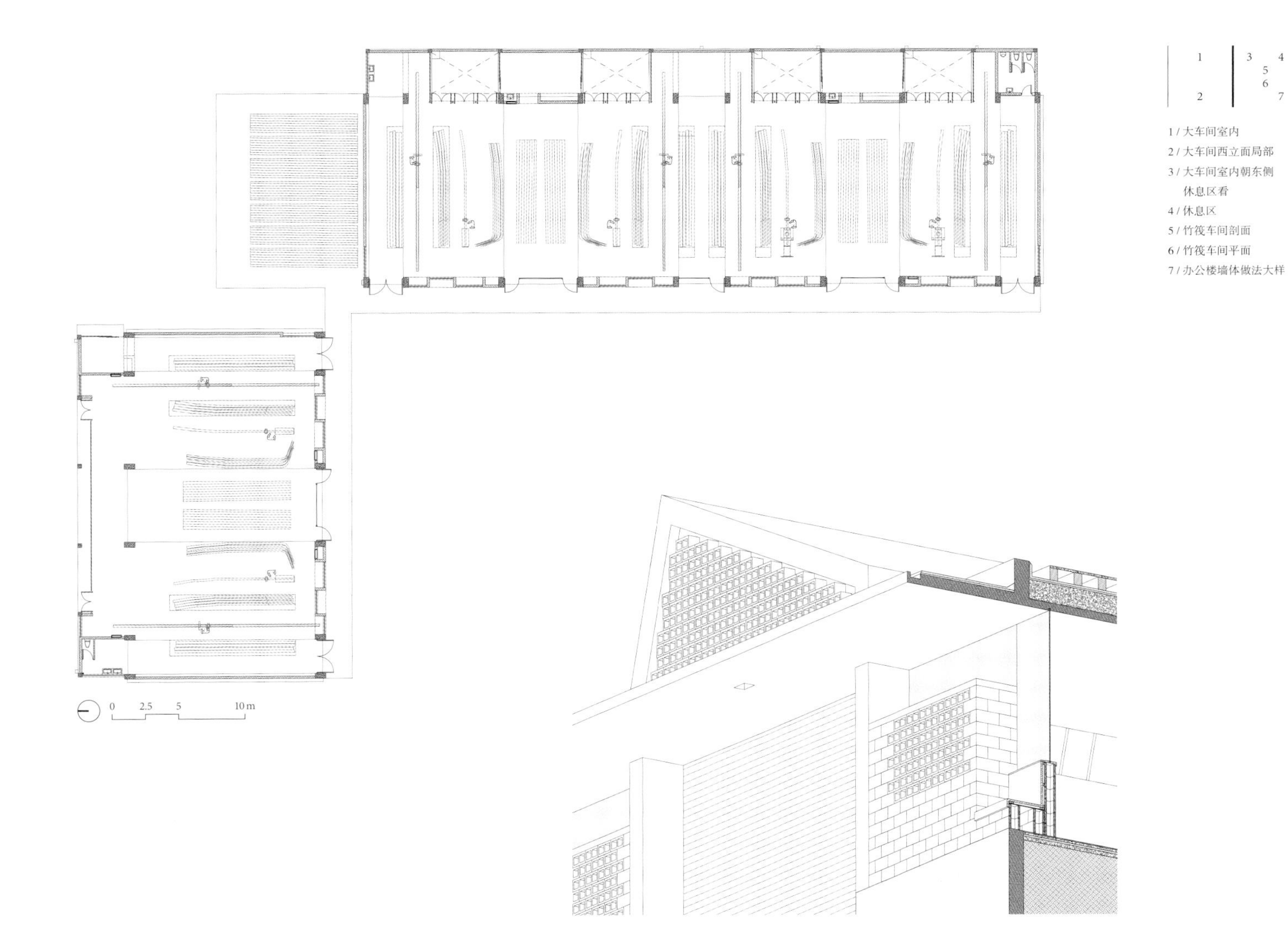

1 / 大车间室内
2 / 大车间西立面局部
3 / 大车间室内朝东侧休息区看
4 / 休息区
5 / 竹筏车间剖面
6 / 竹筏车间平面
7 / 办公楼墙体做法大样

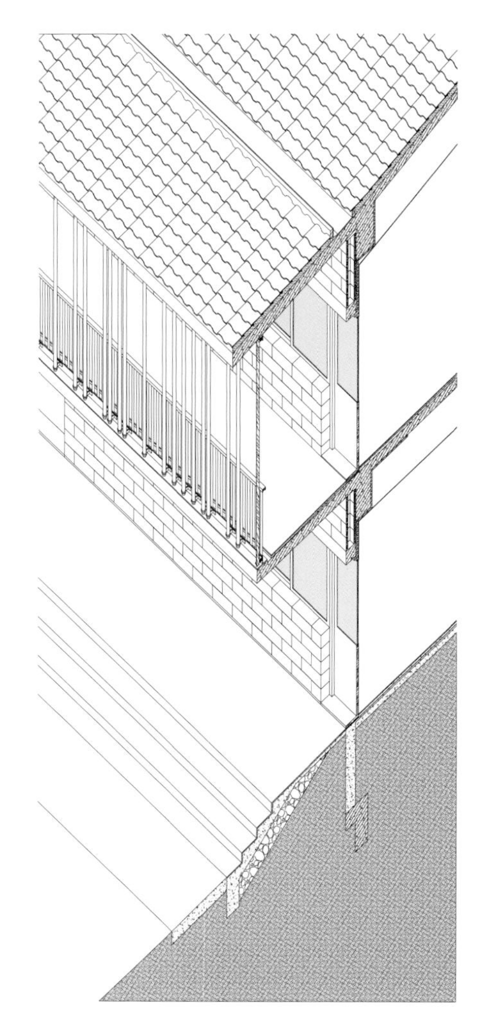

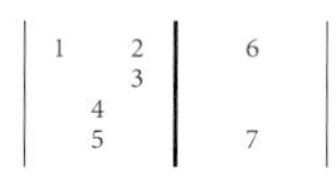

1 / 竹筏车间墙体大样
2 / 从办公楼通往二层室外楼梯回看
3 / 外廊
4 / 办公及宿舍剖面
5 / 办公及宿舍平面
6 / 办公楼南立面局部
7 / 办公楼西面外观

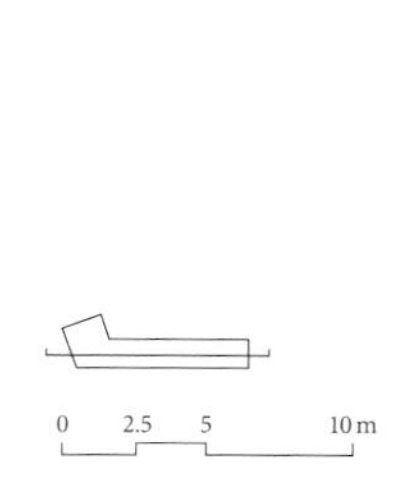

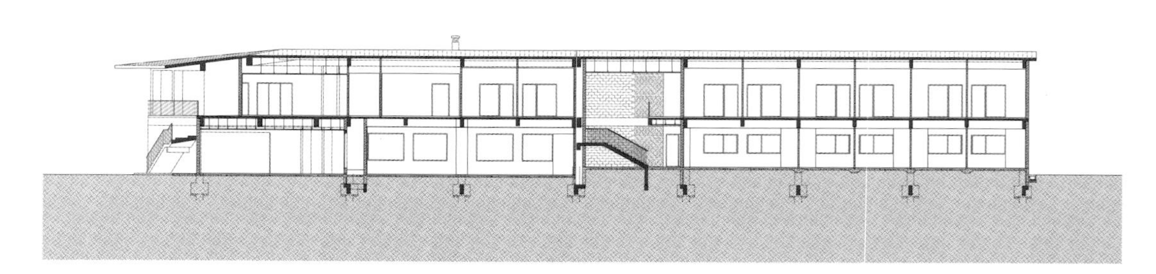

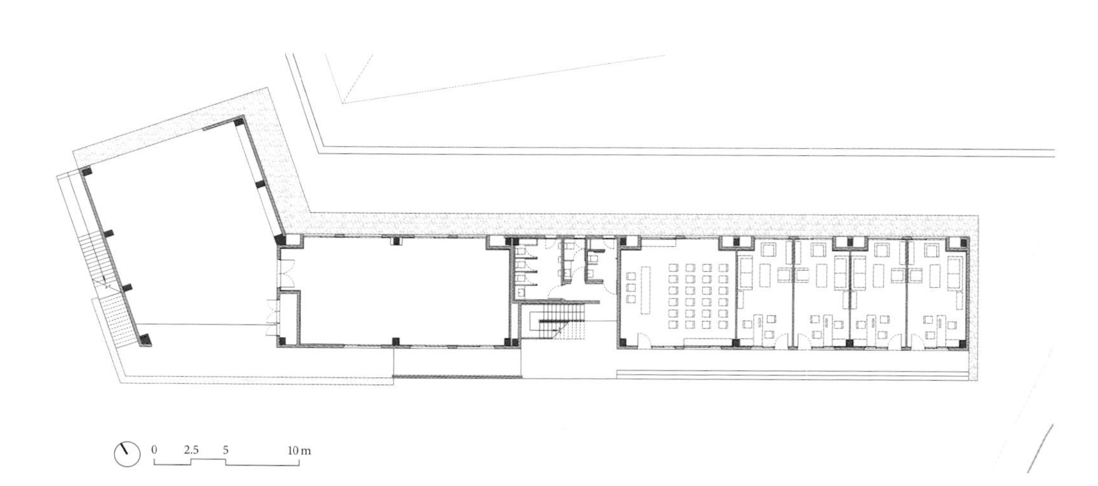

1 / 斜屋面下的高空间（小车间）
2 / 贮藏间
3 / 竹子仓库通风墙模型
4 / 毛竹仓库墙面做法大样

地点 / 福建武夷山星村镇
业主 / 福建武夷山旅游发展股份有限公司
项目功能 / 制作厂房、储藏、办公室、宿舍
设计单位 / TAO 迹 · 建筑事务所
主持建筑师 / 华黎
设计团队 / 华黎、Elisabet Aguilar Palau、张婕、诸荔晶、赖尔逊（驻场建筑师）、Martino Aviles、姜楠、施蔚闻、连俊钦
基地面积 / 14629 m²
建筑面积 / 16000 m²（其中制作车间 1519 m²，办公及宿舍楼 1059 m²）
设计时间 / 2011~2012 年
施工时间 / 2012~2013 年（制作车间、办公室及宿舍楼，仓库楼未建）
摄影 / 苏圣亮